dwM
デザイン ウェーブ ムック
DESIGN WAVE MOOK

車載ネットワーク・システム 徹底解説

佐藤道夫 著

CQ出版社

まえがき

　本書は，自動車分野で事実上の標準となると考えられる「CAN (controller area network)」，「LIN (local interconnect network)」，「FlexRay」という三つのプロトコル規格について解説しています．これらのプロトコルに初めて接する方，また「プロトコルとは何か？」，「ネットワークとは何か？」という疑問を持っている方に，本書を入門書として活用していただきたいと考えています．

　筆者が本格的にネットワーク・プロトコルに関する知識を身につけたのは，今から十数年前です．そのころ，顧客に対して，ある制御用のネットワーク・プロトコルを説明しなければならない状況にありました．人に説明するにはまず自分自身が理解しなければならないと思い，ネットワークの概念やプロトコル，CSMA/CA (carrier sense multiple access with collision avoidance)，アクセス方式などについて調べ始めました．大きな書店や図書館などで書籍を調べたりもしましたが，当時，これらについてやさしく説明しているものがなかなか見つかりませんでした．また，同僚や先輩に質問してもわかりやすく説明してもらえず，何度も質問していやがられることもありました．

　このように苦労しながら勉強していたわけですが，わかったことをベースに何度も繰り返し顧客に説明していくうちに，意外にも（？）ネットワーク・プロトコルについて理解できるようになっていました．

　7年前に自動車関係のアプリケーションを担当し始めました．そのころ，CANプロトコルについてのセミナ講演を依頼されたのがきっかけで，本格的にCANに取り組み始めました．その後，CQ出版社から執筆依頼があり，初めてCANに関する記事を書きました．今から3年前でしょうか．それからというもの，「LINについての記事はどうでしょう」，「FlexRayに関する記事をお願いできませんか」と依頼されてあれこれ書いているうちに，1冊の本になるほどの量になっていたようです．

　本書を読めば，「自動車業界で使用されているネットワーク・プロトコルが1日で理解できる」とまでは言えませんが，それを目ざしてわかりやすくまとめたつもりです．

　本書が，みなさまのしごとの一助となれば幸いです．

2005年11月　佐藤 道夫

車載ネットワーク・システム徹底解説

CONTENTS

第1章 車載マイコン，センサ，ネットワーク，ソフトの過去・現在・未来
自動車とエレクトロニクス ……………………………………………… **9**
 1. 自動車技術，200年の歴史 ………………………………………… 9
 2. エレクトロニクス登場 …………………………………………… 11
  column 名車の散歩道 ……………………………………………… 18

第2章 ネットワーク・プロトコルとOSI参照階層の概念
車載LAN開発に必要なネットワークの基礎知識 ……… **19**
 1. やさしいネットワーク・プロトコルの話 ……………………… 21
 2. CANプロトコル入門 ……………………………………………… 24
 3. OSI参照モデルとは ……………………………………………… 29

第3章 車載LAN向けに開発されたメカニズムをしっかり押さえておこう
CANプロトコルを理解する ………………………………………… **31**
 1. 新しいプロトコルを習得するコツ ……………………………… 32
 2. CANメッセージのフレーム構成 ………………………………… 33
 3. メディア・アクセス方式 ………………………………………… 38
 4. エラー検出とノードの同期 ……………………………………… 40
  column CAN 2.0Bプロトコル ……………………………………… 44

第4章 車載機器にもトップダウン設計の考えかたがたいせつ
CANシステムはこう設計する ……………………… 45
1. CANシステムを開発するための基礎知識 …………………… 47
2. CANネットワーク・システムを開発する …………………… 50

第5章 「安全性」と「快適性」を低コストで実現する一つの解決策
LINプロトコルを理解する ……………………… 59
1. 「事故を起こさず，快適に」が大きな課題 …………………… 60
2. 増え続ける機能に伴う諸問題とその解決策 …………………… 62
  column LINの歴史と背景 …………………………………… 64
3. ボディ系アプリケーションに適している …………………… 65
4. LINプロトコル——マスタ・スレーブでタイム・トリガな通信 ……… 70
5. LIN通信におけるフレーム構成 ……………………………… 71
  column 信号について ……………………………………… 74
6 メディア・アクセスとエラー処理 ……………………………… 77

第6章 診断とノード機能言語を追加してパーツのプラグ・アンド・プレイを実現
LINクラスタを開発する ……………………… 81
1. LIN 1.3からLIN 2.0への変更点を把握する ………………… 81
2. LINクラスタ開発の基礎知識 ………………………………… 85
  column LIN対応ツールを使って効率良く開発 …………… 90, 91
3. LINクラスタの開発フロー …………………………………… 91

第7章 自動車メーカの要求にこたえた制御系ネットワーク
FlexRayプロトコルを理解する ……………………… 97
1. CAN，TTP/Cでは満たされない要求 ………………………… 98
2. FlexRayの要件に対する妥当性 ……………………………… 102

第8章　実設計に即した仕様書の解釈
FlexRayプロトコルを実装する ……… 113
1. トポロジとメディア・アクセス方式 ……… 113
　1.1. 仕様の構成と方向性 ……… 114
　1.2. ネットワーク設計の要件を決める ……… 115
2. フレーム・フォーマット ……… 124
　2.1. 一つのフレームは三つの領域で構成される ……… 124
　　column　パラメータの接頭語について ……… 125
　2.2. メディア・アクセスに対する送信フレームの検討 ……… 130
3. 受信ノードにおけるデコーディング ……… 136
　3.1. 受信ノードにおけるデータ変換 ……… 136
　3.2. FlexRayにおけるエラーの定義 ……… 141
4. ウェイクアップとスタートアップ ……… 142
　4.1. ウェイクアップ ……… 142
　4.2. スタートアップ ……… 146
5. クロック同期 ……… 149
　5.1. ノード内部の時間とクラスタの時間 ……… 149
　5.2. 補正方法と測定方法 ……… 151

索引 ……… 156

本書は，Design Wave Magazine 誌に掲載された下記の記事をもとに，再編集したものです．
● 第1章
　佐藤道夫，西野 信；特集1 第1章「人と地球にやさしいクルマを作る組み込み技術」，2004年7月号
● 第2章
　佐藤道夫；特集1 第2章「車載LANの理解に必要なネットワーク技術の基礎知識」，2004年7月号
● 第3章
　佐藤道夫；特集2 第4章「早わかり車載ネットワーク」，2005年5月号
● 第4章
　佐藤道夫；特集1 第5章「CANシステムはこう設計する」，2002年12月号
● 第5章
　佐藤道夫；特集2 第1章「搭載機能が増えても車体重量を増加させないワザ」，2004年3月号
　佐藤道夫；特集2 第4章「早わかり車載ネットワーク」，2005年5月号
● 第6章
　佐藤道夫；特集2 第2章「最新バージョン『LIN 2.0』のプロトコル徹底解説」，2004年3月号
● 第7章
　佐藤道夫；特集1 第4章「自動車メーカの要求にこたえたFlexRay規格」，2004年7月号
　佐藤道夫；特集2 第4章「早わかり車載ネットワーク」，2005年5月号
● 第8章
　佐藤道夫；連載「実設計に即した車載LAN『FlexRay』仕様解説」，2005年4月号〜2005年12月号

第1章

自動車とエレクトロニクス

―― 車載マイコン，センサ，ネットワーク，ソフトの
　　過去・現在・未来

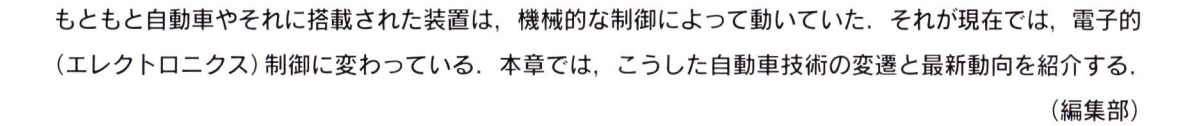

　もともと自動車やそれに搭載された装置は，機械的な制御によって動いていた．それが現在では，電子的（エレクトロニクス）制御に変わっている．本章では，こうした自動車技術の変遷と最新動向を紹介する．

（編集部）

　自動車の制御の歴史は，エンジンや変速装置，クラッチなどの機械的制御から始まりました．ここでは，最初に少しだけ，機械的制御を含めた自動車の歴史についてお話ししましょう．

❶ 自動車技術，200年の歴史

　自動車の誕生は，18世紀中ごろ，英国で始まった産業革命が契機となりました[1]．このころは石炭産業が盛んでしたが，しばらくすると地上表面にある石炭は掘り尽くされ，より深く掘り進めなければならなくなりました．そこで，考えられたのが人馬によって動力を得る方法でした．しかし，これもやがて採算が合わなくなり，人馬に変わる新しい動力が待ち望まれるようになりました．

● 昔もコスト効率を上げることから技術革新は始まった

　水蒸気を動力に使うことを思いついたのはオランダのデニス・パパン（Denis Papin，1649年～1712年）です（図1）．同氏は，ピストン運動のためのシリンダの動力に水蒸気を利用することを思いつきました．その後，1712年に英国のニューコメン（Thomas Newcomen，1663年～1729年）は，熱効率やサイクル時間を改善するため，ボイラとシリンダを分離することを提案しました．

　これによって，上述の石炭の採掘の問題は一時的に解決しましたが，やがて採掘現場ではさらに深く掘る必要がでてきたため，再び新しい動力が待望されるようになりました．

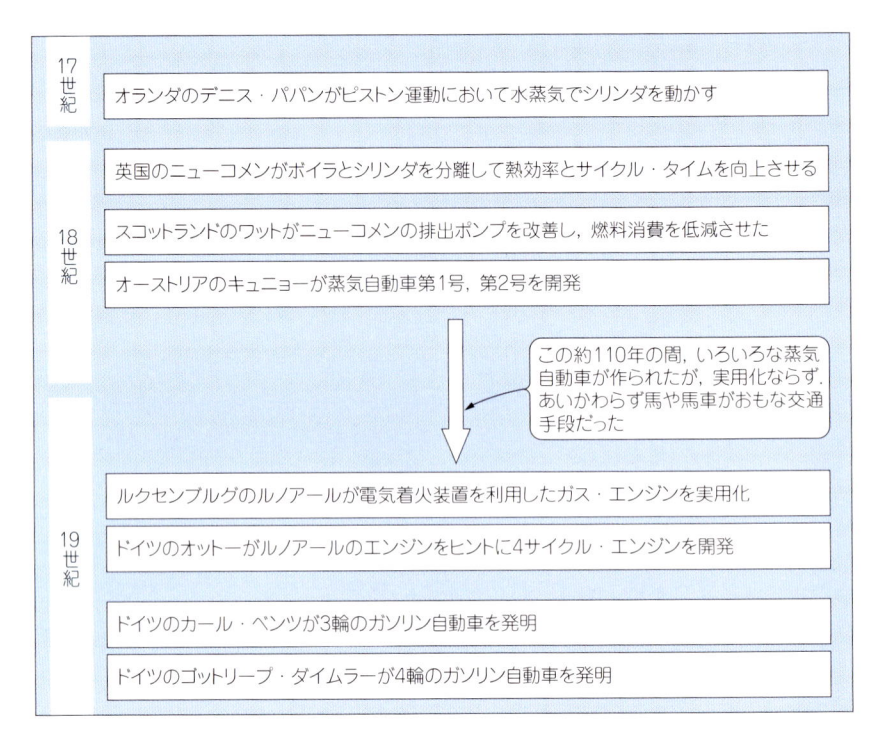

17世紀	オランダのデニス・パパンがピストン運動において水蒸気でシリンダを動かす
18世紀	英国のニューコメンがボイラとシリンダを分離して熱効率とサイクル・タイムを向上させる
	スコットランドのワットがニューコメンの排出ポンプを改善し，燃料消費を低減させた
	オーストリアのキュニョーが蒸気自動車第1号，第2号を開発
19世紀	ルクセンブルグのルノアールが電気着火装置を利用したガス・エンジンを実用化
	ドイツのオットーがルノアールのエンジンをヒントに4サイクル・エンジンを開発
	ドイツのカール・ベンツが3輪のガソリン自動車を発明
	ドイツのゴットリーブ・ダイムラーが4輪のガソリン自動車を発明

この約110年の間，いろいろな蒸気自動車が作られたが，実用化ならず，あいかわらず馬や馬車がおもな交通手段だった

図1
自動車が生まれた経緯
おおまかな歴史的背景を示す．

　ここで，登場するのがスコットランドのジェームス・ワット（James Watt，1736年～1819年）です．同氏はニューコメンが考えた排水ポンプのエンジン熱効率を改善する方法を見つけ出し，燃料の消費量を1/3～1/4に激減させることに成功しました．

● **ベンツが3輪ガソリン車を，ダイムラーが4輪車を発明**

　自動車が登場したのは，1769年，オーストリアのニコラス・ジョセフ・キュニョー（Nicolas Joseph Cugnot，1725年～1804年）が完成させた蒸気推進のものだと言われています（章末のコラム「名車の散歩道」を参照）．しかし，このときはうまく動かなかったようです．その後，同氏は第2号を作りましたが，こちらは時速9.5kmで4人の乗員を乗せて走行できたそうです．こうして，世界で最初の自動車が作られたわけですが，その後，1886年にガソリン自動車が登場するまでのおよそ100年間は，いろいろな蒸気自動車が作られたものの実用化には至らず，個人としての交通手段は馬や馬車が主力でした．

　ルクセンブルグのルノアール（Jéan Joseph Etienne Lenoir，1822年～1900年）が1860年に電気着火装置を使って，蒸気エンジンとよく似た構造のガス・エンジンを実用化しました．

　その16年後の1876年に，今度はドイツのニコラス・オーガスト・オットー（Nikolaus August Otto，1832年～1891年）がルノアールのエンジンをヒントに4サイクル・エンジンの開発に成功しました．

この後，1885年にドイツのカール・ベンツ(Carl Benz, 1846年～1929年)が3輪のガソリン自動車を，1886年にドイツのゴットリープ・ダイムラー(Gottlieb Daimler, 1834年～1900年)が4輪自動車を発明するに至ったわけです．

一方，米国では1903年に自動車の歴史が始まります．米国のヘンリー・フォードがFord Motor社を設立したのです．最初に作った自動車は，「フォード モデルA」で，当時850ドルで約1700台が売れたそうです．その後，1908年に作った「フォード モデルT」が大ヒットしました．この自動車はたいていの人が自分で修理できたので，大衆車として人気となったといいます．

❷ エレクトロニクス登場

エレクトロニクスが最初に自動車に使用されたのは，シリンダ内でガソリンを燃焼させるために火花を生成するためです．その代表的なものが，ドイツRober Bosch社の低電圧電気着火装置の低電圧マグネトです．1897年から徐々に使われました．

その次に適用されたのが，ヘッドライト装置であり，これには発電機(オルタネータ)が搭載されました．初期のころは現在のような交流式ではなく，直流発電機が使用されたようです．しかし，これは耐久性や発電特性などに問題がありました．

最初に使用された半導体は，この交流発電機を整流するためのトランジスタでした．この発電機と蓄電器(バッテリ)の組み合わせによって，現在ではあたりまえのようにさまざまなアプリケーション(電子機器)が自動車に搭載されています．

マイクロコントローラが最初に自動車に使用されたのは1970年代です．このころ排気ガスの規制が始まり，これを受けてエンジン制御にマイクロコントローラが用いられたのです．具体的には，排気ガスを減少させることを目的として，駆動用の電子回路とセンサ技術を連携させ，点火のタイミングとガソリンの噴射量を最適化するために使用されました．

今日では，これまで力学的なメカニズムによって駆動されてきた装置をエレクトロニクス化しようとする傾向があります(図2)．これにはモータ，バルブ，ポンプなどの部品のほか，エアコンのコンプレッサやエンジン弁の制御装置も含まれます．

図3に，エレクトロニクスで制御されている車載機器と部品を示します．この図から，多くの電子機器が搭載されていることがわかると思います．今後は，電気エネルギーの供給について，なんらかの新しい概念を導入しなくてはならなくなるでしょう．

● **メカからエレキへ── 精密な制御の実現**

機械的制御からエレクトロニクス制御に移行している大きな理由は，制御の精密さと，安全面や環境面での法規制があるためです．エンジンやブレーキなどを制御するパワートレイン(駆動走行制御)系であれ

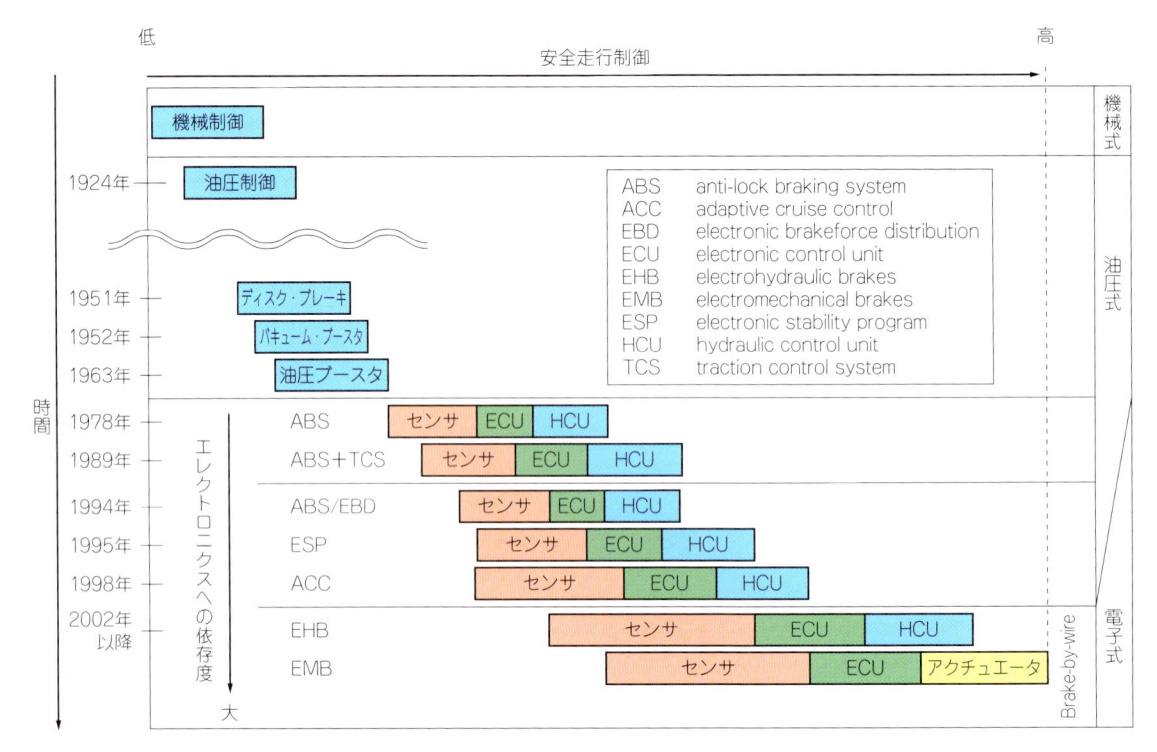

図2　機械的制御から電気的制御への移行
これまで力学的なメカニズムによって駆動されてきた装置をエレクトロニクス化して駆動しようとする傾向がある．

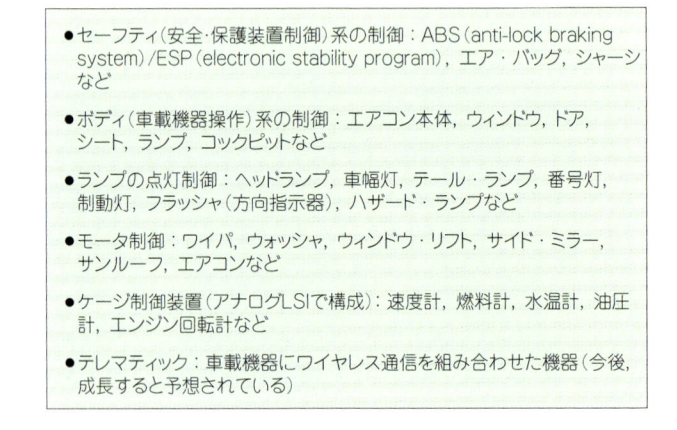

図3　自動車のエレクトロニクス化
エレクトロニクスで制御されている車載機器や部品を示す．

- セーフティ(安全・保護装置制御)系の制御：ABS (anti-lock braking system)/ESP (electronic stability program)，エア・バッグ，シャーシなど
- ボディ(車載機器操作)系の制御：エアコン本体，ウィンドウ，ドア，シート，ランプ，コックピットなど
- ランプの点灯制御：ヘッドランプ，車幅灯，テール・ランプ，番号灯，制動灯，フラッシャ(方向指示器)，ハザード・ランプなど
- モータ制御：ワイパ，ウォッシャ，ウィンドウ・リフト，サイド・ミラー，サンルーフ，エアコンなど
- ゲージ制御装置(アナログLSIで構成)：速度計，燃料計，水温計，油圧計，エンジン回転計など
- テレマティック：車載機器にワイヤレス通信を組み合わせた機器(今後，成長すると予想されている)

ば，エンジン点火のタイミングを最適化することにより，CO_2の削減や燃費の向上などを図ることができ，いわゆる「地球環境にやさしい」石化資源の有効利用を実現できます．

　現在のエンジン制御では，点火時期を制御するためにクランク角度を基準として制御しています．加え

て，エンジンはカムの動きのタイミングによって，四つのサイクルが実現されています．このカムの形状によっても混合気の吸気やその後排気のタイミングが変わってきます．その精密さが各自動車メーカのノウハウになっています．現在，このカムをなくし，エンジン・サイクルをすべてマイコンで制御しようという試みが行われています．バルブを電磁バルブにし，バルブの開閉を電子的に制御することによって，機械式カムで制御するよりも精密さが増します．そして，さらなるCO_2の削減と燃費の向上を図ろうとしています．

● メカからエレキへ──重量の削減とX-by-wire

　もう一つの動きは，自動車の重量を削減しようという動きです．ご存じのように，市販の自動車の大半は鉄でできています．これは，加工のしやすさや乗員の安全の確保などのためです．しかし，その一方で，燃費については重さが問題となります．発進時や加速時には，重量が増えれば増えるほど，より多くのパワーが必要になるからです．運転のしかたによって多少燃費は改善されますが，それには限界があります．

　では車体に鉄を使用しないで，レーシング・カーのように強化プラスチックを使って重量を削減すればよいのでしょうか．この場合は，コストや事故の際の強度の問題があります．いずれにせよ，軽量化は時代の流れになっています．

　その流れの一つに，X-by-wireアプリケーションがあります．X-by-wireアプリケーションは軽量化に寄与しますが，機械的な制御から電子的な制御への転換も可能にします．例えば，代表的なアプリケーションとしてはSteer-by-wire，Brake-by-wire，Suspension-by-wireなどが挙げられます．

　ご存じのように，現在の自動車のステアリング・ホイールは運転席の前にあり，リングの形をしています．ステアリングの機能は，自動車の運転では重要な役割を担っています．それは，運転者の意図する方向に自動車を制御するということです．これを実現するのは，おもにステアリング・シャフトとステアリング・ギアといった機構部品です．

　また，すえ切り（動いていない状態でハンドルを切る）時や低速時にステアリングを切ると，タイヤと地面の摩擦が大きいのですが，現在は軽いハンドル操作で車両を旋回できるように補助するパワー・ステアリングが搭載されている自動車が増えています．パワー・ステアリングには以下のような種類があります．

- 油圧パワー・ステアリング（HPS）　　　：エンジンで駆動される油圧ポンプの油圧を動力源とする方式
- 電動油圧パワー・ステアリング（EHPS）：モータで油圧ポンプを駆動して，その油圧を動力源とする方式
- 電動パワー・ステアリング（EPS）　　　：油圧装置を使わずにモータを動力源とする方式

　ここで，図4に示すパワー・ステアリングをSteer-by-wireで実現するとしたらどのようになるのかを考えてみましょう．最初に考えられるのは，ステアリング・コラム，オイル・ポンプ，油圧ホースなどの機構部品が図5のように，ワイヤに変わることです．これによってもたらされるメリットは，

- 重量の軽減
- デザインの自由度の向上（右ハンドル車，左ハンドル車に制約されないデザインが可能となる）

図4 インテグラル型パワー・ステアリングの例(3)

パワー・ステアリングの形式の一つであるインテグラル型パワー・ステアリングを示す．

(a) 概略図

(b) システム例

□ マイクロコントローラ

図5 Steer-by-wire

図4のパワー・ステアリング・システムに対してSteer-by-wireを導入した場合，ステアリング・コラムやオイル・ポンプ，油圧ホースなどの機構部品がワイヤに変わる．

といったことです．つまり，自動車の外観を優先したデザインが可能となります．

ただし，Steer-by-wireを採用した場合でも，機構部品のステアリング操作に慣れている運転者に対して，違和感を覚えさせないような操作感覚を実現することが必要だと思います．

● **制御アーキテクチャは集中方式から分散方式へ——車載LAN登場**

1970年代にエンジン制御にマイクロコントローラが搭載されて以来，マイクロコントローラは安全制御システム注1や車体エレクトロニクス注2でも利用されています．今後は，無線技術に新機能を付加したテレマティクス（コンピュータとワイヤレス通信を組み合わせた技術）機器などへの搭載が予想されます．

ここで，車載用半導体の特徴を表1に示します．自動車は，民生機器やコンピュータと異なり，戸外で使用され，どこにでも移動できます．つまり，車載用半導体では使用される環境がどのように変わったとしても，確実に動作することを保証しなければなりません．さらに，QS9000規格の厳しい認証プロセスに

表1 車載用半導体の特徴

	民生機器/コンピュータ	自動車
生産期間	約3年	約20年
開発サイクル	6～9ヵ月	1.5年～3年
認証	ISO9000	QS9000
使用温度範囲	0℃～70℃	－40℃～125℃
市場故障率	100ppm 未満	1ppm 未満
標準化の傾向	高い	低い

注1：ABS/ESPのシャーシ制御，およびエア・バッグ制御など．
注2：自動車のエアコン，ウィンドウ，ドア，シート，インテリア照明，コックピットなど．

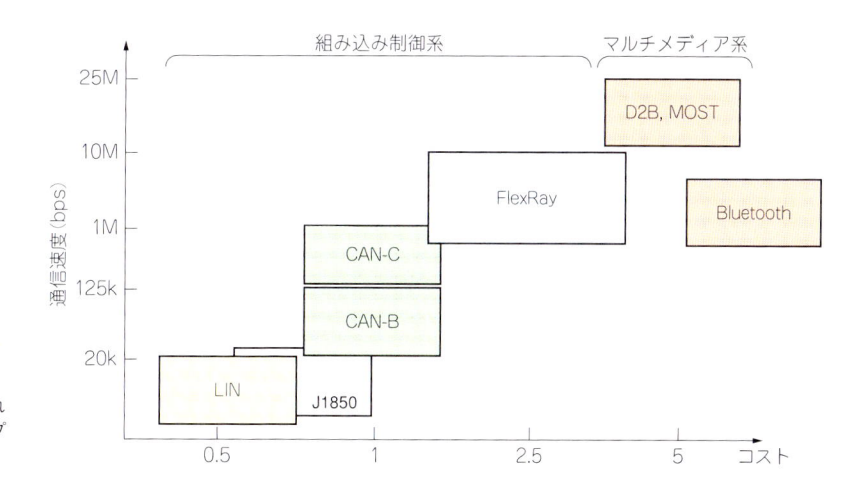

図6
おもな車載向けネットワーク・プロトコル
現在，自動車市場に受け入れられている代表的なネットワーク・プロトコルを図に示す．

合致しなければなりません．つまり，自動車向けエレクトロニクス産業は，信頼性と品質の面で最良の製品を提供する必要があります．

　このような自動車の高機能化，インテリジェント化にともなって，自動車は多くのECU（電子制御ユニット）を搭載するようになりました．そして，ECUの回路が複雑になり，配線量が増え，それに伴ってワイヤ・ハーネスの種類と量が増加しています．例えば，現在，車体重量の5～10％をワイヤ・ハーネスが占めるとも言われています．

　この増加の要因は，制御アーキテクチャにあると考えられます．マイクロコントローラ導入初期のころは，数個の制御対象（バルブやモータなど）を一つのECUで制御していました．その後，マイクロコントローラの性能の向上や価格の低下などによって，一つのECUで制御する対象が増加しました．マイクロコントローラのI/Oの増加は，ワイヤ・ハーネスの種類や本数を増加させます．このような制御アーキテクチャは「集中制御方式」と呼ばれており，現在の主流となっています．

　現在，自動車のグレードによってその数に違いはありますが，1台当たり10～60個程度のECUが搭載されています[注3]．今後も，自動車の内装や外装の充実に伴って，この増加傾向は続いていくものと予想されます．そこで，このワイヤ・ハーネスの問題を解決するため，どのような制御方式が最適なのかが模索され始めています．

　その解決策の一つが「分散制御方式」です．そして，この分散制御方式の中核となるのがネットワーク技術です．しかし，このような新しい技術を導入する場合，以下のようなことが求められます．
- 自動車の信頼性，堅ろう性，柔軟性の向上につながること
- 劣悪な環境でも確実に通信できること
- 自動車内のネットワークとその通信プロトコルが標準化されること（図6）

注3：ECUの数量×ワイヤ・ハーネスの本数（1ECU当たりの平均本数）＝全体のワイヤ・ハーネスの量．

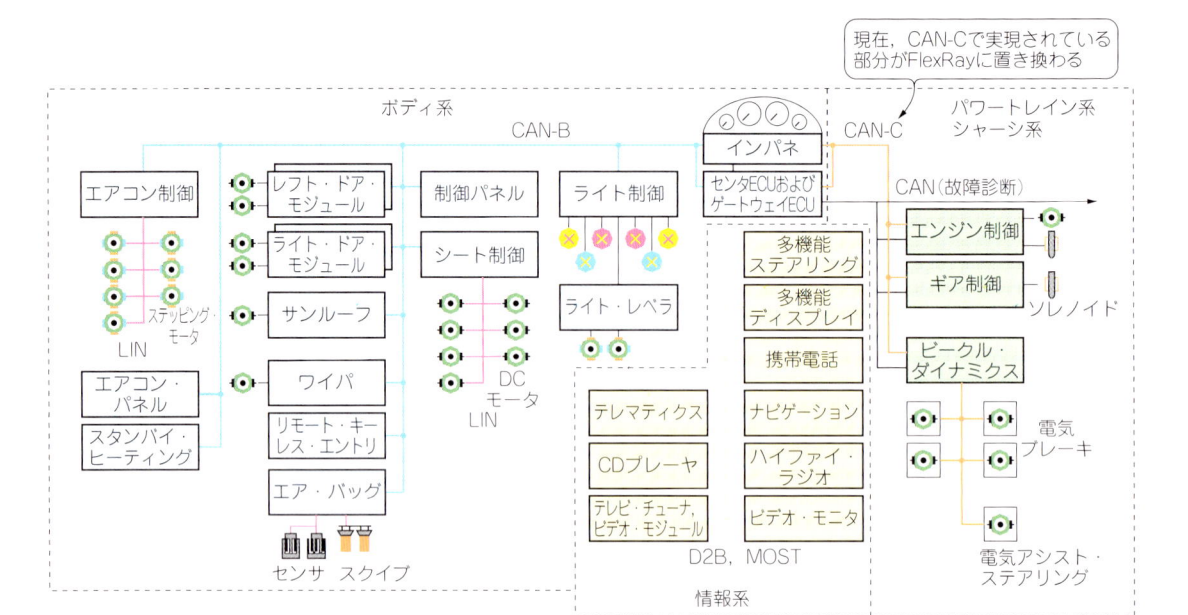

図7 車載ネットワーク・アーキテクチャの例

吹き出し: 現在，CAN-Cで実現されている部分がFlexRayに置き換わる

（図中ラベル）
- ボディ系
  - CAN-B
  - エアコン制御
  - レフト・ドア・モジュール
  - ライト・ドア・モジュール
  - 制御パネル
  - ライト制御
  - ライト・レベラ
  - サンルーフ
  - ワイパ
  - リモート・キーレス・エントリ
  - エア・バッグ
  - エアコン・パネル
  - スタンバイ・ヒーティング
  - ステッピング・モータ
  - LIN
  - DCモータ
  - LIN
  - センサ
  - スクイブ
- 情報系
  - インパネ
  - センタECUおよびゲートウェイECU
  - 多機能ステアリング
  - 多機能ディスプレイ
  - 携帯電話
  - テレマティクス
  - CDプレーヤ
  - テレビ・チューナ，ビデオ・モジュール
  - ナビゲーション
  - ハイファイ・ラジオ
  - ビデオ・モニタ
  - D2B，MOST
- パワートレイン系 シャーシ系
  - CAN-C
  - CAN（故障診断）
  - エンジン制御
  - ギア制御
  - ソレノイド
  - ビークル・ダイナミクス
  - 電気ブレーキ
  - 電気アシスト・ステアリング

- スクイブ：エア・バックを駆動させる装置
- ライト・レベラ：HID（高輝度放電灯，ヘッドライトの一種）の角度調整機能
- ビークル・ダイナミクス：路面状態に応じて自動車を安定に走行させる機能

表2 おもな車載ネットワークの概要

プロトコル	CAN 2.0	LIN	FlexRay
アプリケーション	パワートレイン系，制御，診断	ボディ系，スマート・コネクタ	X-by-wire，安全制御
伝送媒体	2線式（より対線）	1線式	2線式（より対線），（光ファイバ[注]）
メディア・アクセス	イベント・ドリブン（マルチマスタ）	タイム・トリガ（マスタ・スレーブ）	タイム・トリガ
エラー検出	16ビットCRC	ビット・チェック・サム	24ビットCRC
ID（識別子）長	11ビット（CAN 2.0A）29ビット（CAN 2.0B）	8ビット（1バイト）	11ビット
データ長	0〜8バイト	8バイト	0〜254バイト
メッセージ・アクノリッジ	あり	なし	なし
最大ビット・レート	10kbps〜1Mbps	1kbps〜20kbps	10Mbps
最大バス長	指定なし（平均40m）	40m	24m
最大ノード数	指定なし（平均32）	16	22
マイコンの必要性	要	要（マスタ）	要
スリープ/ウェイクアップ	なし	あり	あり
ハードウェア	あり	なし	あり

注：光ファイバについては，現在のプロトコル（rev2.1）では未定義

この車載ネットワーク・プロトコルの一つであるCAN（controller area network）は，1980年代にドイツのRobert Bosch社によって提唱されました（その後，ISO11898として標準化された）．最初は欧州の代表的な自動車メーカが使い始め，続いて多くの欧州のメーカが採用しました．現在では，米国や日本の自動車メーカも採用し始めています．今のところ，車載ネットワーク・プロトコルの中でデファクト・スタンダードと呼べるものはこのCANだけと言っても過言ではないでしょう．

1998年10月，欧州の自動車メーカを中心としたLINコンソーシアム[注4]によって，LIN（local interconnect network）プロトコルが提唱されました．LINは基本的にCANのサブバスと位置づけられ，「CANのノードより安価に構成できる」というコンセプトをもとに作られています．筆者らは，このLINを導入することによってECUのプラットホーム化が促進されるものと考えています．一方，車載ネットワークにも高速化の波が押し寄せてきています．2000年には，CANの上位に位置する「FlexRayプロトコル」がFlexRayコンソーシアム[注5]によって提唱されています（図7，表2）．

参考・引用＊文献

(1) 景山风；自動車「進化」の軌跡，山海堂，1999年2月．
(2) ＊トヨタ博物館のホームページ，http://www.toyota.co.jp/Museum/
(3) 青山元男；カー・メカニズム・マニュアル（ベーシック編），ナツメ社，1991年11月．

注4：このときのコンソーシアムのメンバは，Audi社，BMW社，DaimlerChrysler社，Freescale Semiconductor社（当時Motorola社半導体セクター），Volcano Communications Technologies社，Volkswargen社，Volvo社である．
注5：このときのコンソーシアムのメンバは，BMW社，Bosch社，DaimlerChrysler社，General Motors社，Freescale Semiconductor社（当時Motorola社 半導体セクター），Philips社である．

● column　名車の散歩道

ここでは，自動車の歴史の中で生まれた名車をいくつか紹介します[2]．

● キュニョーの砲台

　キュニョーが6年の歳月をかけて苦労して作った世界初の自動車を写真A-1に示します．キュニョーは，当時のフランスのルイ14世軍の技術大尉であり，砲車をけん引するためにこの自動車（蒸気車）を作りました．写真を見てわかるように，この自動車はボイラをフロントに備えた前輪駆動でした．

● ベンツ パテント モトール ヴァーゲン

　写真A-2にベンツが発明したガソリン自動車を示します．ベンツは，内燃エンジンの最大の問題はシリンダの中の混合気をどうやって着火するかという点であると考えており，発明当初からプラグによる電気着火にこだわっていました．

● パナール ルヴァッソールB2

　1891年にフランスのパナール・ルヴァッソール社は，現在の自動車の主流である「FR（フロント・エンジン-リア・ドライブ）」，別名「システム・パナール」方式を開発しました．この方式は，ダイムラーの自動車技術にヒントを得て考案されたそうです．写真A-3は，FR方式を採った最初の自動車です．

● フォード モデルT

　写真A-4の自動車は，1908年に発売が開始されてから1927年までの間に約1500万台も生産されました．ちなみに，Ford社は左ハンドルを採用した最初の会社です．米国は右側通行なので左ハンドルが適していると考えたそうです．

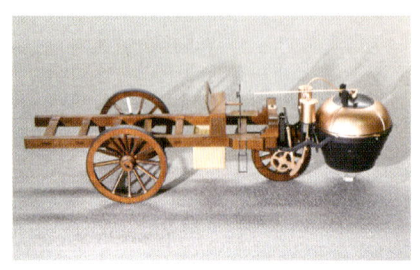

写真A-1　キュニョーの砲台（1769年，フランス）
写真提供：トヨタ博物館

写真A-2　ベンツ パテント モトール ヴァーゲン（1886年，ドイツ）
写真提供：トヨタ博物館

写真A-3　パナール ルヴァッソールB2（1901年，フランス）
写真提供：トヨタ博物館

写真A-4　フォード モデルT（1909年，米国）
写真提供：トヨタ博物館

第2章
車載LAN開発に必要な ネットワークの基礎知識
―― ネットワーク・プロトコルとOSI参照階層の概念

　自動車に多くのECU（電子制御ユニット）が搭載されるようになった．車体重量などの問題からネットワーク化が進んでいる．制御系ネットワークのCAN（controller area network）はデファクト・スタンダードになり，ボディ系のLIN（local interconnect network）や高速なFlexRayなども大手自動車メーカが支持している．しかし，こうした車載LANに対応する電子機器やLSIを開発しようとした場合，ネットワークそのものの基礎を理解していなければ，正しく動作しているのかどうかを確認することすらできない．ここでは，ネットワーク・プロトコルの基本的な概念や用語について解説する．　　　　（編集部）

　現在，「ネットワーク」ということばはとても身近なものになっています．みなさんの周りにあるネットワークといえば，例えばパソコンの世界のLAN（local area network），あるいはワイヤレスLANといったところでしょうか．

　筆者は自動車に搭載するネットワーク，いわゆる「車載LAN」のセミナの講師を務めることがあります．その中で，ネットワークが「二つ以上のノード（端末，パソコンなど）が接続されている状態」というのはなんとなくわかるが，この端末どうしがデータをやり取りするための「ネットワーク・プロトコル」となるととたんに話がわからなくなってしまう，ということをよく耳にします．「プロトコルっていったい何ですか？」と聞かれることもあります．プロトコル（protocol）を英和辞典で引くと，「議定書」や「手順」と書いてあります．つまり，ネットワーク・プロトコルとは「ネットワーク上で何かデータを送るときの約束事や手順をあらかじめ決めておくこと」と言えるでしょう．

● 複数のECUを確実に動かすにはネットワーク技術が必須

　これから車載LAN対応の機器やLSIを開発する方にとって，ネットワークの基礎知識（用語も含めて）は必須と言えます．

図1
ECU が一つだけなら問題ないが…
自動車に搭載する ECU が一つだけ，あるいは各 ECU が独立して動いているのであれば，開発者はその上で走るアプリケーションだけを考えて設計すればよい．しかし，複数の ECU が連携して動くとなると，ネットワークという概念を意識して設計する必要がある．

　1970 年代，排気ガス規制を受けて，燃費を改善するためのエンジン制御にマイクロコントローラが使用されるようになった，ということはみなさんご存じだと思います．この場合のマイクロコントローラの役割は，クランク角センサ（回転角度の割り出しを行う）やノック・センサ（ノッキングによる振動を圧電素子で電気信号に変換する）といったさまざまなセンサからのデータをもとに，あらかじめプログラミングされたエンジンの運転状態に適した点火時期にイグナイタが点火するように制御することでした．実際には，マイクロコントローラを搭載した ECU (electronic control unit；電子制御ユニット）からワイヤ・ハーネスを介してセンサやイグナイタに結線され，制御されていたわけですが，いずれにせよ一つの制御システムだけを考えて設計すればよかったのです（**図1**）．

　その後，より厳しい規制や安全性などの規制に応じるため，さらに精密なエンジンの制御を行わなければならなくなりました．精密さを増すため，センサの個数や制御箇所が増え，マイクロコントローラの性能も向上してきました．ECU も一つだけでは制御しきれなくなり，複数の ECU を自動車に搭載するようになりました．UART (universal asynchronous receiver-transmitter) や SPI (serial peripheral interface) の機能がなかったマイクロコントローラでは，単にチップの I/O を使って ECU 間のデータの交換を行っていたと思われます．そして，そのためにワイヤ・ハーネスが増加していったのだと考えられます（例えば，1990 年時点で，ある自動車メーカのワイヤ・ハーネスの全長は約 3 km，重さは約 39 kg だったというデータがある）．

● **マイコンはバグを自分で直してくれない──設計者の正確な指示が必要**

　こうした問題を解決するため，自動車業界ではシリアル・バス・システムの模索が始まり，現在の車載 LAN のデファクト・スタンダード（業界標準）とも言える「CAN (controller area network)」が開発されたのです（CAN の誕生に関する詳細は第 3 章を参照）．

　今までは制御アプリケーションだけを考えて ECU を設計していればよかったのですが，この CAN の普

及によって，ネットワークのことも考えなければならなくなったのです．

ところで，筆者がセミナなどでネットワーク・プロトコルを説明するとき，よく会場をそのまま例にして説明します．例えば，CANプロトコルの中に「ブロードキャスト」という用語がありますが，筆者はこれを「セミナ会場で，講演者が何かを説明していて，それを参加者が聞いている状態」と説明します．つまり，会場内（ネットワーク内）の不特定多数のメンバ（ノード）に情報（データ）を提示（送信）するということが，「ブロードキャスト」なのです．

ここで，人間どうしの情報のやり取りとECUの間のデータのやり取りとでは，決定的に違うことがあります．それは，人間であれば相手がまちがっていても，自分で判断して（あるいは聞き直すなどして）正しい方向にもっていくことができます．ところが，マイクロコントローラは教えた（プログラミングした）とおりにしか動きません．各装置も結線したとおりにしかつながりません．不ぐあいが起こったとしても，ECUがデバッグしてくれるわけではありません．つまり，開発者が仕様をきちんと把握し，基礎となる技術（この場合はネットワーク）を理解しておかないと，設計も検証も行えないというわけです．

❶ やさしいネットワーク・プロトコルの話

ここでは，ネットワーク・プロトコル（とくにCAN）を説明するにあたって，会社の「会議」の開催から終了までをどのような手順で行うかということを例にとって考えてみましょう．

会議を開催するにあたって，最初に行うのは参加する人に会議の通知を出すことです．場所や日時，内容（自動車に置き換えると，使用する環境条件）を通知します．また，参加資格（ECUの仕様）についても明記しておきます．

そして，会議当日です．さあ，全員が集まってきました．これから，どのように会議を進めるかというルールを全員で決めます．ここで，実際のプロトコルのしくみを理解しやすくするために，会議を進めるにあたって参加者にいろいろな条件を付けることにします．

● 口（送信）と耳（受信）が重要な役割を果たす

まず，みんなにアイ・マスクを配って，目隠しをしてもらいましょう（図2）．先にも述べたとおり，これから説明するプロトコルは，「装置」についての話になります．つまり，実際のネットワークは電気信号のやり取りにすぎません．人間は，目から入ってくる情報によって，自然のうちに認識，判断していますが，装置には目にあたるものがありません．「でも，CCD（charge coupled device）センサなどを搭載すれば，目と同じような働きができるのでは？」と言う人もいると思います．しかし，CCDの画像信号を人間のように瞬時に認識し判断するという機能を実現するとなると，膨大な処理能力を持ったCPUが必要になります．このようなCPUは，単なる会議（ECU間の通信）に使うのではなく，別のところ（例えば画像処理システムなど）で使うようにします．

図2
会議は目隠しで
会議のメンバを一つの「装置」として考えるために,まず目隠しをしてもらう.目からの情報は入って来ず,口と耳が情報を得るために重要な役割を果たすことになる.

今,目隠しをしているので,口と耳が重要な役割を果たします.これから作るルールもこの目隠しをしていることを前提に考えていきます.ネットワークでは,口は「送信」の,耳は「受信」の役割を果たします.実際のノード(車載システムではECU)も,人間の場合と同じように,自分が話しているときは自分の声(信号)を聞いています.会議の場合,媒体は空気ですが,CANの場合は金属(メタル)ワイヤになります.

● 要求の衝突,口調,雑音を考慮した発言ルールを設定

会議中,自由に話せるとなると収拾がつかなくなるので,どのような場合に発言できるかを決めておきます.なお,今回は議長を置かない会議とします(議長を置く方式の会議もある.いわゆるマスタ・スレーブ方式).

【発言の規則】
1) だれかが発言しているとき,そのほかの人は発言できない.逆に,だれも発言していないときはだれでも発言できる
2) だれかが発言しているとき,会議に参加している全員が同時に聞いている

次に,発言についての手順を決めます(図3).

【発言の手順】
1) 発言する人は,最初に「はい」と声に出して言う
2) かならず自分の名まえをフルネームで言う(全員,目隠しをしているため)
3) 話す長さ(時間)を自分で決める
4) 話したい内容を,3)で決めた長さで話す
5) 話した内容が聞こえたか聞こえなかったか,ほかの参加者から返事をもらう
6) 話が終わったことを伝えて終了する

では会議をスタートします.

会議はみんなで決めた上記のルールに従って,順調に進んでいます.しかし,しばらくすると困ったことがおきました.だれも発言していないとき,複数の人が同時に発言を要求するケースが出てきたのです.

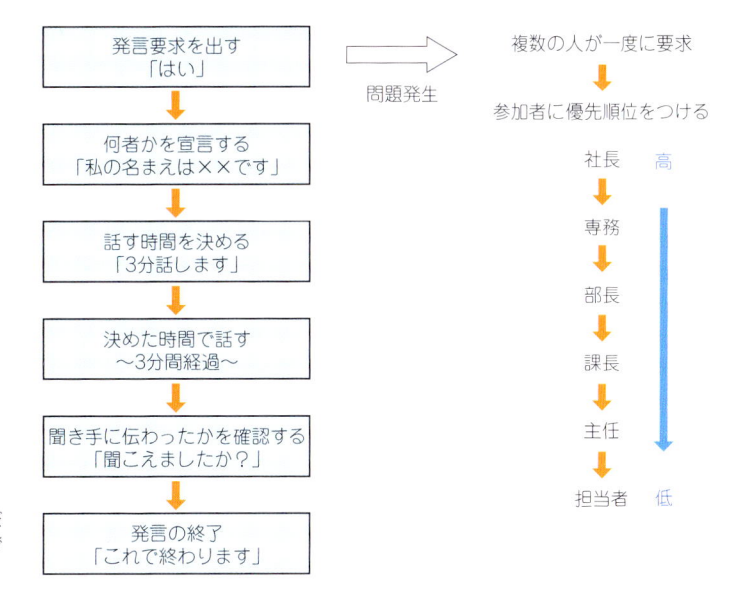

第2章 車載LAN開発に必要なネットワークの基礎知識

```
┌─────────────────┐
│ 発言要求を出す  │ ─── 問題発生 ──▶ 複数の人が一度に要求
│ 「はい」        │                        │
└────────┬────────┘                        ▼
         ▼                         参加者に優先順位をつける
┌─────────────────┐                  社長      高
│ 何者かを宣言する│                    │
│「私の名まえは   │                   専務
│  ××です」     │                    │
└────────┬────────┘                   部長
         ▼                            │
┌─────────────────┐                  課長
│ 話す時間を決める│                    │
│「3分話します」  │                   主任
└────────┬────────┘                    │
         ▼                          担当者      低
┌─────────────────┐
│ 決めた時間で話す│
│～3分間経過～    │
└────────┬────────┘
         ▼
┌─────────────────┐
│ 聞き手に伝わっ  │
│ たかを確認する  │
│「聞こえましたか？」│
└────────┬────────┘
         ▼
┌─────────────────┐
│ 発言の終了      │
│「これで終わります」│
└─────────────────┘
```

図3
議長なしの会議における発言ルール
だれかが話しているときは，ほかの人は聞くだけ．だれも話していなければ，だれでも発言できる，というのが前提．

　ここで，この問題を解決するべく，会議を中断して再度話し合うことにしました．ここで出た案は，
● 発言する人に優先順位をつける
● 議長を設けて，議長に順番を決めてもらう

の二つです．いろいろ迷いましたが，優先順位をつけて発言することに決定しました．優先順位をつけるために，「社長」，「専務」，「部長」，「課長」，「主任」，「担当者」と役職をつけました．優先順位は，高いほうから，社長→専務→部長→課長→主任→担当者と決めました．そこで，先ほどの発言のルールに「自分の名まえを言う前に役職を言う」という項目を付け加えました．これで，同時に発言要求が出たときの問題は解決できました．

　ところが，今度は別の問題が出てきました．何人かが早口で話すのでよく聞き取れないのです．また，別の人はおしゃべりが遅すぎて，これもよくわかりません．考えた結果，解決策としてみんな同じスピードで話すことにしました．ネットワーク・プロトコルの場合，同じクラスタ（ノードの集まり）に接続されているノードどうしは，同じスピードでデータのやり取りを行います．ここで，「ノード」とは，今回の例で言うならば，会議に参加しているメンバひとりひとりのことです．もし送信側と受信側のネットワークのスピードが違うと，'1' と '0' をまちがって判断してしまうことがあります．このまちがったデータがアプリケーションまで来て実行されると，まちがった制御を行ってしまいます．

　会議では，スピードの確認にはメトロノームを使うことにしました．さあ，再度，会議を始めましょう．
　またまた問題です．会議室に別の場所からの話し声や音楽，街宣車の声などが入ってきたのです．これでは，よく発言が聞き取れません．雑音（ノイズ）がひどくてよく聞き取れないときにどのようにするかを取り決める必要があります．そこで，聞き取れないときは，再度話を繰り返すことにしました．

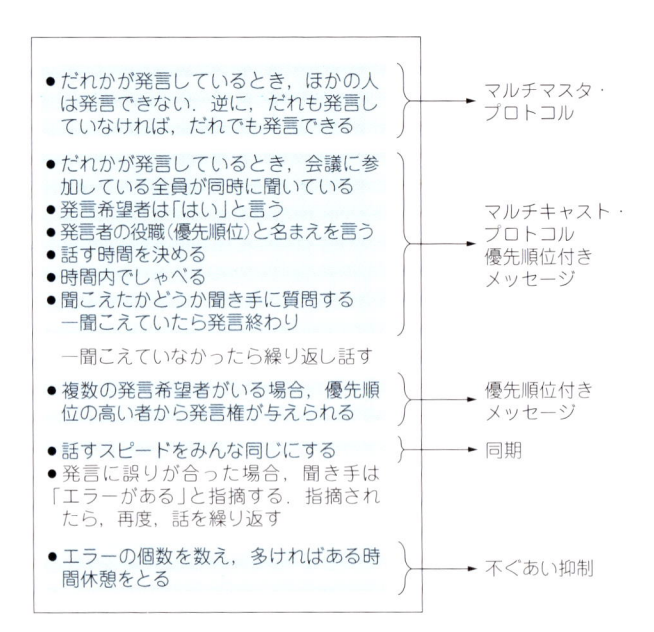

図4
会議のための「プロトコル」
本会議では，「会議をどのように行うか（プロトコル）」について話し合われた．会議をスムーズに進めるために，図のような項目がまとめられた．

- だれかが発言しているとき，ほかの人は発言できない．逆に，だれも発言していなければ，だれでも発言できる　→ マルチマスタ・プロトコル

- だれかが発言しているとき，会議に参加している全員が同時に聞いている
- 発言希望者は「はい」と言う
- 発言者の役職（優先順位）と名まえを言う
- 話す時間を決める
- 時間内でしゃべる
- 聞こえたかどうか聞き手に質問する
  —聞こえていたら発言終わり
  —聞こえていなかったら繰り返し話す
→ マルチキャスト・プロトコル　優先順位付きメッセージ

- 複数の発言希望者がいる場合，優先順位の高い者から発言権が与えられる　→ 優先順位付きメッセージ

- 話すスピードをみんな同じにする　→ 同期
- 発言に誤りが合った場合，聞き手は「エラーがある」と指摘する．指摘されたら，再度，話を繰り返す

- エラーの個数を数え，多ければある時間休憩をとる　→ 不ぐあい抑制

　これで聞き取りの問題はなくなりましたが，今度は聞こえた内容について，問題が出てきました．ある聞き手がその内容に対して「それは誤りだ」と判断したとします．人間の場合，話している内容が文法的にやや違っていても，無意識のうちに補って内容を理解しようとします．しかし，装置をそのように設計することはたいへんなので，文法上合っていないとエラーとみなします．そして，エラーと判断した場合，判断した人は「それはエラーですよ」と言うことにしました．「エラーですよ」と言われた場合，再度，同じことを繰り返し話すことにします．話の内容にエラーが多いと問題になるので，各自が自分のエラーの数を数えることにしました．そのエラー数が多い場合，ある時間休憩をとってもらうように決めました．
　さて，このルールに従ってすべての議題が議論されたので，本会議はこれで終了することとします（図4）．

❷ CAN プロトコル入門

　さて，この会議の例をCANプロトコルのポイントに当てはめて考えてみましょう．CANプロトコルのおもな特徴は，次の五つです．
- マルチマスタ・プロトコル
- 拡張CSMA/CD（carrier sense multiple access with collision detection）
- マルチキャスト・プロトコル
- 優先順位付きメッセージ
- 不ぐあい抑制

第2章 車載LAN開発に必要なネットワークの基礎知識

- データ転送速度：500kbps
- バスの長さ：最大40m
- 最大ノード数：16ノード

図5
CAN-C（J2284）物理層の例

バスをアクセスするための実際の送受信（会議の例では耳と口）は，CANについては「物理層」で行われる．なお，CANのバス信号には「ドミナント・レベル」と「リセッシブ・レベル」がある．ドミナント・レベルはリセッシブ・レベルよりも優先順位が高い．例えば，バスにつながるノードが一つでもドミナント・レベルを出力すると，ほかのバスもすべてドミナント・レベルになる．

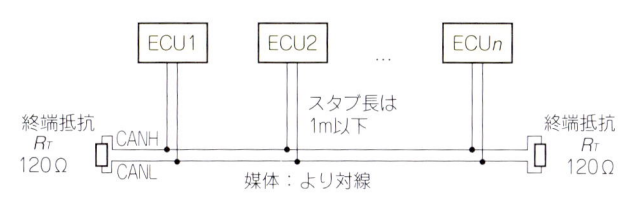

● マルチマスタにおける競合と衝突の問題と解決策

マルチマスタ・プロトコルとは，バスがフリー（開放）のときは，どのノードもデータをネットワークに送信できるということです．

上述の会議の例では，「だれかが発言しているとき，そのほかの人は発言できない．逆にだれも発言していないときはだれでも発言できる」と決めました．会議ではだれかの発言の内容をもとに，それに対して発言することが多々あると思います．これは，だれかの発言が引き金（トリガ）になって，自分の発言を行うということです．つまり，これはイベント・トリガ（事象駆動）型のアクセス方式といえます．実際の装置では，センサやスイッチの情報がトリガになると思います．

ところで，マルチマスタ・プロトコルでは，「バスがフリーのとき」を検知する機能が必要になります．会議の例で言えば，人間の「耳」が必要になるのです．何か聞こえるときは「バスはフリーではない」と判断できますし，何も聞こえなければ「バスはフリー」であると判断できます．

さて，会議の例でも問題になりましたが，CANの場合もバスがフリーのとき，複数のノードが同時にネットワークにデータを送信するという状況，つまり「競合」が起きる可能性があります．さらに，送信データの「衝突」が発生する危険性もあります．この問題を解決する方法を考えなければなりません．

CANのアクセス方式のベースとなるCSMA/CDは，複数のメッセージが競合して衝突が発生した場合，すぐに送信を中断します．そして，ランダムな時間だけ待って，この間にほかのノードからの送信がない場合，送信を再開するとなっています．しかし，このCSMA/CDをそのまま自動車の制御用アクセス方式として用いるには問題があります．その問題とは「ランダム待ち時間」であり，リアルタイム性を重視する車載装置には向いていません．この点を改良したのがCANのアクセス方式なのです．さらに，競合そのものをなくすアクセス方法の一つとしてTDM（time division multiplexing；時分割多重）があります．その代表的な例が「FlexRay」プロトコルです．

バスにアクセスするための実際の送受信（会議の例では耳と口）は，CANについては「物理層（詳細は後述）」で行われます（図5）．データ転送速度（ビット・レート）は同一クラスタであれば，一意で固定されま

す．つまり，一度500kbpsと決めたらその値で固定され，これ以外の速度では通信できません．なおかつ，位相は同期がとれていなければなりません．会議の例で言えば，「話すスピードを同じにする」ということです．その確認のためにメトロノームを使いましたが，これがバス・アクセスで同期をとるための「クロック」にあたるでしょう．

● 必要な情報をふるいにかけて処理するマルチキャスト

　マルチキャスト・プロトコルとは，ネットワークに接続されているすべてのノードが同じメッセージを受信し，そのメッセージに対して各ノードがアクションをとるということです．会議の例でも，「だれかが発言しているとき，会議に参加している全員が同時に静かに聞く」と決めましたが，これは非常にたいせつなことです．

　私たちの生活では，周りからいろいろな情報が耳に入ってきます．このとき頭脳は必要な情報や興味のある情報だけを注意深く聞き，その情報をもとに次の行動に移って結果を出します．逆に，不必要な情報であればすぐに忘れてしまいます．つまり，私たちの脳は情報をふるい分けるためのフィルタを持っていて，つねに身の回りの状況を把握し，判断しているのです．

　CANにもこの「メッセージ・フィルタ」という概念が適用されています．CANモジュールの場合，内部にID（識別子）フィルタ機能を持っています．登録したIDとネットワークからのメッセージIDを比較し，合致したときに「このメッセージは自分が処理しなければならないもの」と判断し，上位層に渡します．この機能は，すべてのネットワーク・プロトコル（情報系，制御系を問わず）に通用します．

　では，マルチキャスト・プロトコルではどのような処理が行われるのでしょうか．会議の例で見てみると，図3に示した一連の発言ルールがこれに当たります．これをCANに置き換えて考えてみると，図6のようになります．つまり，

1) フレームの始まり（SOF：start of frame）：発言する人は最初に「はい」と言う
2) ID（識別子）：発言する人はかならず自分の名まえをフルネームで言う
3) コントロール・フィールドのデータ長コード（DLC：data length code）：何を話すかその長さ（時間）を言う
4) データ・フィールド：話したい内容を自分で決めた長さで話す
5) アクノリッジメント（ACK：acknowledgement）：話した内容が聞こえたとき，またその内容に誤りがないときに返事をもらう
6) フレーム終わり（EOF：end of frame）：自分の話が終わったことを宣言して終了する

　なお，人の会話の中では，図6のCRC（フレームの送信エラーのチェック）に該当するものがありません．また，正しくフレームを受信するためにはエラーの検出を行う必要があります（図7）．会議の例では，「ノイズがある場合は再度話を繰り返す」や，「話し手の内容に誤りがある場合は聞き手が指摘する」といった場面です（CANのエラー検出の詳細は第3章で述べる）．CANの場合も，うまく受け取れなければ再送

SOF 1	アービトレーション 12～32	コントロール 6	データ 0～64 (0～8バイト)	CRC 16	ACK 2	EOF 7

標準フォーマット

ID 11	RTR 1	IDE 1	r0 1	DLC 4

拡張フォーマット

ID 11	SRR 1	IDE 1	ID 18	RTR 1	r1 1	r0 1	DLC 4

（数字はビット数を表している）

SOF：データ・フレームの開始を表す
アービトレーション：フレームの優先順位を表す
コントロール：予約ビット（r0，r1）とデータ長（DLC）を表す
データ：データの内容
CRC：フレームの送信エラーのチェックを行う
ACK：正常に受信した場合に返事を返す
EOF：データ・フレームの終了を表す

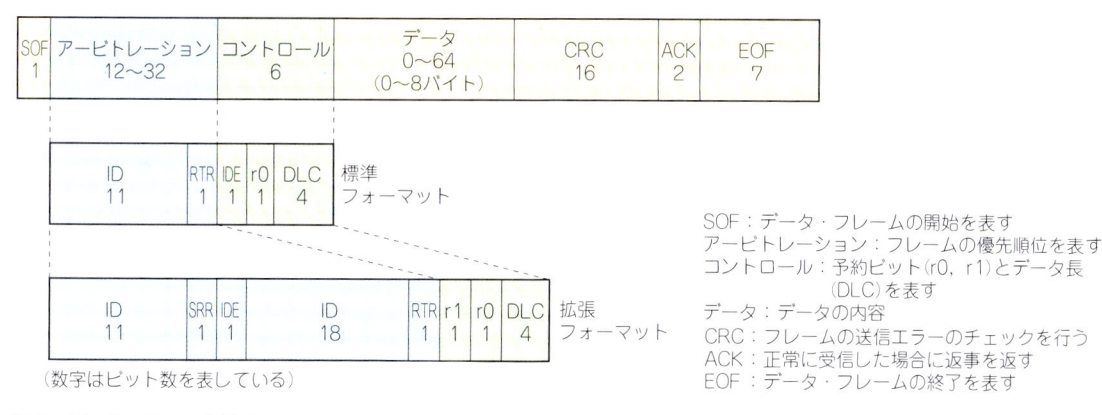

図6 データ・フレーム構成
図3に示した一連の発言ルールが，この図のフレームにあたる．

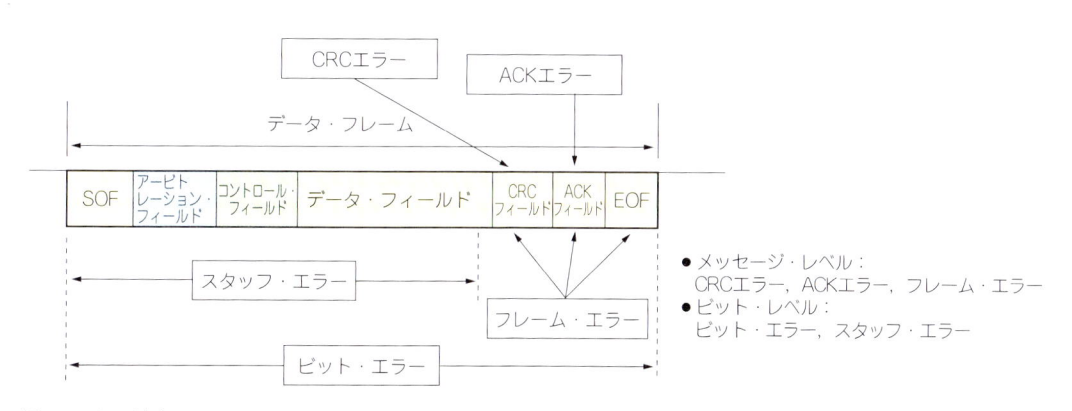

図7 エラー検出
正しくフレームを受信するためにはエラーの検出を行う必要がある．

- メッセージ・レベル：
  CRCエラー，ACKエラー，フレーム・エラー
- ビット・レベル：
  ビット・エラー，スタッフ・エラー

要求を出します．

● IDを使用したビットごとの調停を行う

　前にCANはマルチマスタ・プロトコルなので，バスがフリーになると競合が発生し，衝突が起こる，ということを話しました．ここで，先ほどの会議の話でも出てきたように，優先順位を付けることで，競合や衝突を防ぐことができます．

　ネットワーク・プロトコルで関心が集まるのがアクセス方式です．なぜかというと，制御用のネットワーク・プロトコルではアクセス時間のリアルタイム性が重要な項目になるからです．とくにクリティカルな情報の場合，決められた時間内に確実に処理されるかどうかが，そのシステムの信頼性に大きな影響を与えます．

図8
アービトレーションの模式図
ノード1, 2, 3が同時にメッセージの送信を開始した場合のアービトレーション．ノード2はビットID5において送信レベルとバス・レベルが異なるため，アービトレーションを失う．同じように，ノード1はビットID2においてアービトレーションを失う．ノード3は，最終的にバス・アクセスを取得し，メッセージ送信を継続する．

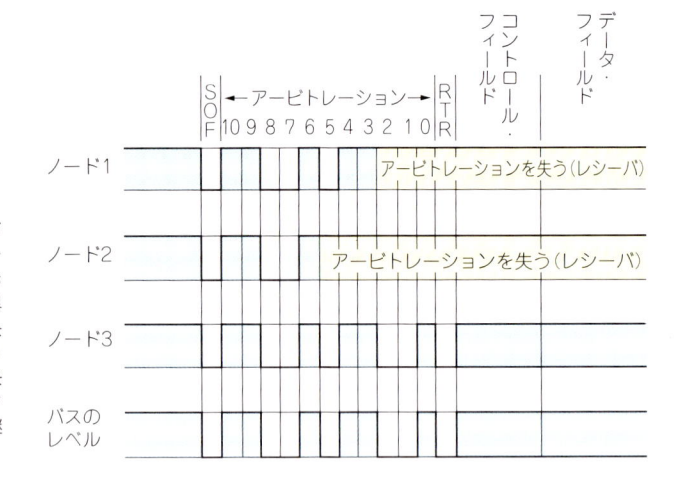

　CANの例でいうと，二つまたはそれ以上のノードが同時にメッセージ送信を開始したとき，IDを使用したビットごとに優先順位を示すこと（アービトレーション）でバス・アクセスの衝突を解決できます．アービトレーション中，すべてのトランスミッタ（送信端）は送信されたビットのレベルとバスをモニタしたレベルを比較します．もしそれらのレベルが等しければ，送信を継続します．逆に，送信レベルとバス（モニタ）レベルが異なれば，すぐに送信を止めなければなりません（図8）．

● ネットワーク全体をダウンさせないための不ぐあい抑制
　ノードについて，短い時間の障害と恒久的な不ぐあいを識別し，欠陥ノードについてスイッチOFF（離脱）する機能がCANにはあります．これは，会議の例では「話の内容にエラーが多い場合，ある時間休憩をとってもらう」という処置にあたります．この不ぐあいの抑制はCANプロトコルの特徴と言えます．ネットワークで問題になるのは，ネットワーク全体がダウンすること（機能不全）です．これは，システムにとって致命的な問題です．クラスタ内のあるノードがなんらかの原因でダウンして送信できなくなったとしても，ネットワーク全体に与える影響は少ないので問題が最小限に抑えられます．とは言っても，この欠陥ノードがシステム上重要な役割を果たしている場合には問題となりますが…．
　ネットワークにメッセージやノイズを出し続ける状態（バブル・イディオットと呼ぶ）が続いている欠陥ノードがある場合，ネットワーク全体に与える影響は最大になり，システムの暴走やダウンが発生します．このため，CANプロトコルでは各ノードがエラー・カウンタを持っています．前述したようにノード自身が送信したメッセージをモニタしている（発言者はしゃべっている内容を自分で聞いている）のでエラーも検出できるのです．もしカウンタの値が規定の値になったら，みずからをスイッチOFFしてシステムから離脱します．

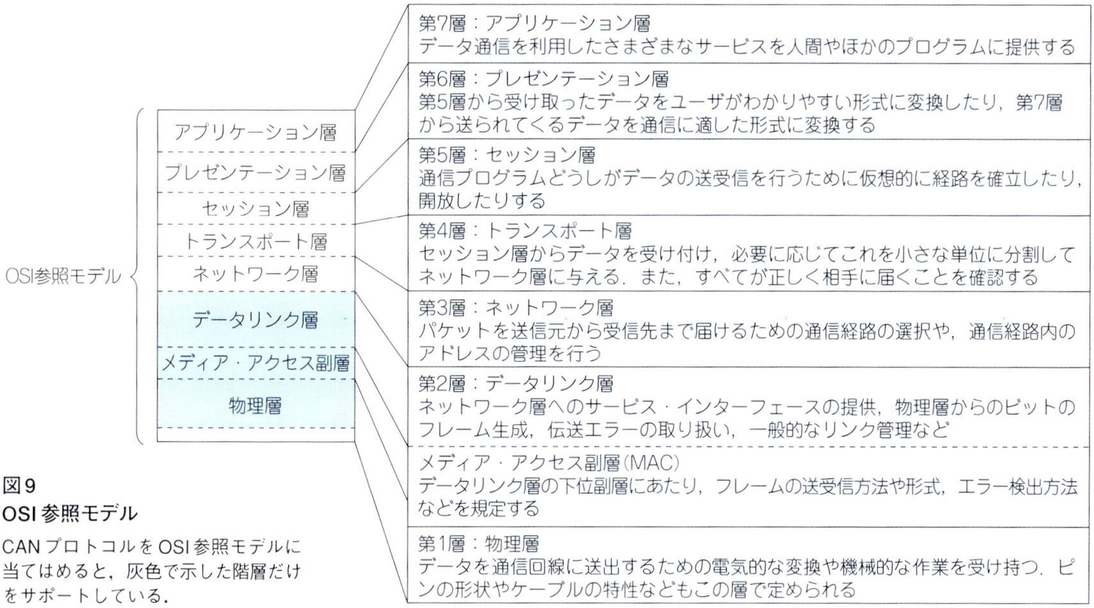

第2章　車載LAN開発に必要なネットワークの基礎知識

第7層：アプリケーション層	データ通信を利用したさまざまなサービスを人間やほかのプログラムに提供する
第6層：プレゼンテーション層	第5層から受け取ったデータをユーザがわかりやすい形式に変換したり，第7層から送られてくるデータを通信に適した形式に変換する
第5層：セッション層	通信プログラムどうしがデータの送受信を行うために仮想的に経路を確立したり，開放したりする
第4層：トランスポート層	セッション層からデータを受け付け，必要に応じてこれを小さな単位に分割してネットワーク層に与える．また，すべてが正しく相手に届くことを確認する
第3層：ネットワーク層	パケットを送信元から受信先まで届けるための通信経路の選択や，通信経路内のアドレスの管理を行う
第2層：データリンク層	ネットワーク層へのサービス・インターフェースの提供，物理層からのビットのフレーム生成，伝送エラーの取り扱い，一般的なリンク管理など
メディア・アクセス副層（MAC）	データリンク層の下位副層にあたり，フレームの送受信方法や形式，エラー検出方法などを規定する
第1層：物理層	データを通信回線に送出するための電気的な変換や機械的な作業を受け持つ．ピンの形状やケーブルの特性などもこの層で定められる

図9
OSI参照モデル
CANプロトコルをOSI参照モデルに当てはめると，灰色で示した階層だけをサポートしている．

❸ OSI参照モデルとは

　ところで，ネットワークの話をしていると，「ISO/OSI（Open System Interconnection）参照モデル」ということばをよく耳にすると思います．これは，国際標準化機構（ISO：International Organization for Standardization）によって制定されたモデルで，異なる装置の間のデータ通信を実現する際の通信機能を七つの階層構造で示したものです．「OSI基本参照モデル」，「OSI階層モデル」とも呼ばれます．その7階層のおもな役割と定義を図9に示します．

　なお，CANプロトコルをOSI参照モデルに当てはめると，図9の青色の部分だけをサポートしていることになります．

● 7階層すべてをサポートする必要はない

　7階層のすべてに対応していないと通信ができないのではないか，あるいは，なんらかの問題が生じるのではないかと思われるかもしれませんが，そんなことはありません．通信する装置どうしが，そのプロトコル（この場合はCAN）と同じ内容で，かつ，同じ層数で構成されていればよいのです．これをもう少しわかりやすく説明してみましょう．

　ここで，先ほどの会議の例と同じように，身近な例を挙げてみます．封書の郵便の出しかたがわかりやすいでしょう．郵便を出すときに封書には相手先の住所，郵便番号，そして自分の住所を書いて，切手を

29

はってポストに投函します．これで相手先にこの封書は届けられるでしょう．この封書を出すプロトコルは相手先の住所などを書いてからポストに投函するまでの処理です．このとき，封書の内容は自由です．以上をOSI参照モデルで考えてみると，第1層（通信のために必要な物理的な規定）〜第2層（ネットワーク層へのサービス・インターフェースの提供）までを規定されていると考えられます．それより上位層は規定されていません．しかし，このプロトコルどおりに封書を投函するかぎり，相手に手紙は届きます．逆に，このプロトコルを守らないと封書は届きません．

　また，すべての階層をサポートしたとしても，プロトコルが違えば通信が成り立ちません．日本語しか話せない人と英語しか話せない人とでは会話が成り立たないのと同じです．

　プロトコルの内容がすべてフレームに表されているわけではなく，バス上に出されるフレームはノードどうしが理解できる最低限のものです．7階層のすべてをサポートしているということは，七つの階層にかかわるすべての処理を行うということなので，処理時間がそれだけかかるということになります．

第3章
CANプロトコルを理解する
―― 車載LAN向けに開発されたメカニズムをしっかり押さえておこう

現在，自動車に搭載されるECU（電子制御ユニット）の数が増えており，これらのECUどうしを結ぶため，ネットワークが利用されている．従来は，各自動車メーカ独自のネットワーク仕様が用いられていたが，最近では開発期間やコストなどを抑えるため，車載用の通信プロトコルの標準化が進んでいる．本章では，現在の制御系車載ネットワークの業界標準とも言える「CAN（controller area network）」を取り上げる．自動車の制御に求められる信頼性やリアルタイム性をCANプロトコルがどのように実現しているのかを説明する．

（編集部）

　現在の車載ネットワークのデファクト・スタンダードといえるCAN（controller area network）は，1986年2月に米国の自動車関連の業界団体であるSAE（Society of Automotive Engineers；自動車技術者協会）の席上で，ドイツのRobert Bosch社から提案されました．同社はこの発表に先立って，1980年代初期から存在するシリアル・バス・システムを評価していました．しかし，評価の結果，自動車メーカの技術者の要求に応えられるネットワーク・プロトコルは見つからず，1983年から新しいシリアル・バスの開発をスタートしました．この新しいシリアル・バス・システムについては，開発段階からドイツのMercedes-Benz社の技術者を参加させていました．

　この段階では，すでに次のような項目がコンセプトとしてまとめられていました．

- マルチマスタ・プロトコルを採用
- ロバスト性の高い（堅ろうな）アービトレーション（調停）メカニズムを採用
- 優先度がもっとも高いメッセージは遅延なしにバスに送信される
- エラー検出メカニズムを実装
- 故障ノードは自動的に開放
- ID（識別子）は送信ノードまたは受信ノードのアドレスを識別するのではなく，メッセージの内容とメッ

セージの優先順位を示す

　1987年には最初のCANコントローラ・チップが米国Intel社とオランダのPhilips Semiconductors社から発売されました．ただし，これらのCANコントローラはIDフィルタとメッセージ処理に関して，現在とはまったく異なる方法をとっていました．

　Bosch社は，1991年に現在の仕様であるCANプロトコル仕様2.0を発表し，ISO（International Organization for Standardization；国際標準化機構）に提出しました．1993年11月には正式にISO標準として「ISO 11898」が公開され，物理層の伝送速度は最大1.0Mbpsと定義されました．さらに，1995年には改正案が提出されてISO 11898が拡張され，29ビットのIDを持つCANが登場しました．これは，現在「CAN 2.0B」と呼ばれています．

　しかし，公開されたCAN仕様にはいくつかの不ぐあいと不完全な部分があり，誤解を招くことになりました．この事態を収拾するため，Bosch社はCANのリファレンス・モデルを提供し，すべてのCANコントローラ・チップに対して適合テストを行ったのです．

　この間，1992年にMercedes-Benz社からCANを採用した自動車が市場に投入されました．最初の段階では，CANを用いてエンジン系システムの制御を行いました．次の段階では，ボディ（車体）系システムに搭載しました．その後，この二つのシステムはゲートウェイで接続されるようになりました．これ以降，欧州の自動車メーカがCANを採用するようになりました．

　では，CAN仕様について詳しく説明していきましょう．なお，ここで取り上げるのは，CAN 2.0Aプロトコル仕様です（CAN 2.0Bについては，章末のコラム「CAN 2.0Bプロトコル」を参照）．

① 新しいプロトコルを習得するコツ

　ところで，今まで知らなかった新しいネットワーク・プロトコルを効率良く理解するには，どのようにすればよいのでしょうか．筆者の場合，インターネット・プロトコルとして利用されているEthernetについての知識があるので，これをベースにメッセージの送信ルール（メディア・アクセス方式）などを確認します．

● 車載LANとして利用するにはリアルタイム性の問題を克服する必要がある

　Ethernetのメディア・アクセス方式はCSMA/CD（carrier sense multiple access with collision detection）ですが，CANも基本的にはこの方式を採用しています．ここで問題となるのが，Ethernetは情報系のネットワーク・プロトコルであるという点です．CANは制御系ネットワークに利用されるため，「リアルタイム性（ある処理に対する要求が出されたとき，瞬時にその処理が行われるという特性）」が重要なポイントとなります．このリアルタイム性が，はたして情報系ネットワークと同じプロトコルで確保できるのかが問題となるわけです．

Ethernetでは，複数のノード（ネットワーク上のコンピュータ）がメディア（通信媒体）に同時にメッセージを送信する状態を想定しています．このような状態を「衝突（collision）」とし，これを「検出（detection）」することを定めています．衝突を検出した場合は，ある時間待機した後，メッセージを再送します．しかし，ある時間待って再送しても，また衝突が起こる可能性が少なからずあるため，長い時間通信できないノードが出てくることが懸念されます．では，CSMA/CDというプロトコルを自動車の制御ネットワークに利用するために，CANはこの問題をどのように解決したのでしょうか．

❷ CANメッセージのフレーム構成

CANのアクセス方式はイベント・ドリブン（事象駆動）とも呼ばれ，なんらかのイベントが生じることでメッセージを送信します．また，上述したように，CANはEthernetと同じCSMA/CDをベースとしており，バスが開放（信号がない状態．「アイドル状態」とも言う）されているときは，どのノードでもメッセージの送信を開始できるマルチマスタ方式です．

さて，問題のマルチマスタ方式によるリアルタイム性についてですが，CANでは，「アービトレーション（調停）」というプロセスを入れることで，この問題を解決しています．

アービトレーションについて説明する前に，まずCANではどのようにしてメッセージ（情報）のやりとりを行うかについて解説します．

● バス型のネットワーク・トポロジをとる

CANのネットワーク・トポロジは，基本的にバス型です．

Bosch社の策定したCAN 2.0A/B仕様書にはネットワークの媒体は規定されていません．また，接続可能なノード数についても規定されていませんが，これらはCANの物理層の処理を行うトランシーバの電気的仕様で決まってきます．例えば，図1に示す高速CAN（J2284）[注1]はSAEが策定したCANの規格ですが，ビット・レート（伝送速度）は500kbps，最大バス長は40m，最大接続ノード数は16と規定されています．

図1
CANのトポロジ
基本的にバス型のトポロジとなる．CANの物理層については数種類の異なる規格が策定されているので，接続可能ノード数や伝送速度などは物理層の処理を行うトランシーバの電気的仕様で決まる．

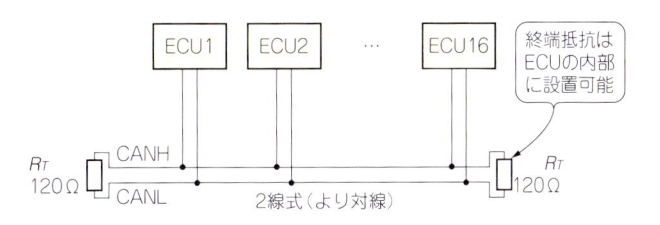

注1：SAEでは，伝送速度に応じて車載ネットワークをクラス分けしている．例えば，0～10kbpsはクラスA，10kbps～125kbpsはクラスB，125kbps～1MbpsはクラスCとされている．CANについて「CAN-B」や「CAN-C」と表記されることがあるが，-Bや-Cはこのクラスを意味する．ちなみに，高速CANは「CAN-C」とも呼ばれる．

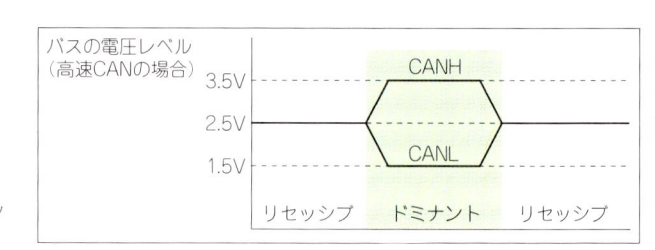

図2
CANのバス・レベル
CANのバス信号には，「ドミナント」と「リセッシブ」の二つのレベルがある．

ここで，CANのバス・レベルについて少しお話ししておきましょう．CANのバス信号には，「ドミナント」と「リセッシブ」の二つのレベルがあります(図2)．ドミナントはリセッシブより優先順位が高く，バスにつながるノードが一つでもドミナントだと，バスはドミナント・レベルになります．

● **メッセージを転送するために4種類のフレームを用意**

CANのメッセージ転送では，4種類のフレームが用意されています(図3)．
- データ・フレーム：トランスミッタ(送信ノード)からレシーバ(受信ノード)にデータを伝えるフレーム．あるデータ・フレームと次のデータ・フレームの間は，3ビット以上のリセッシブ(インターフレーム・スペースと呼ぶ)で分離される．
- リモート・フレーム：バス上のあるノードからデータ・フレーム送信を要求(リクエスト)するときに送信されるフレーム．このとき，データ・フレームのIDとリモート・フレームのIDは同じ．データ・フレームとリモート・フレームの間は，インターフレーム・スペースで分離される．
- エラー・フレーム：バスのエラーを検出したノードによって送信されるフレーム．
- オーバロード・フレーム：先行するデータ・フレームとそれに続くデータ・フレーム，またはリモート・フレームの間に余分な遅延を供給するために使用されるフレーム．

以下に，それぞれのフレームについて詳細を述べます．

1) データ・フレーム

データ・フレームは，その名のとおりデータを送信するために用いられます．このフレームは七つのフィールドから構成されます(図3(a))．
- SOF (start of frame)
- アービトレーション
- コントロール
- データ
- CRC
- ACK (アクノリッジ)
- EOF (end of frame)

まず，SOFフィールドですが，これは一つのドミナント・ビットで構成されています．データ・フレー

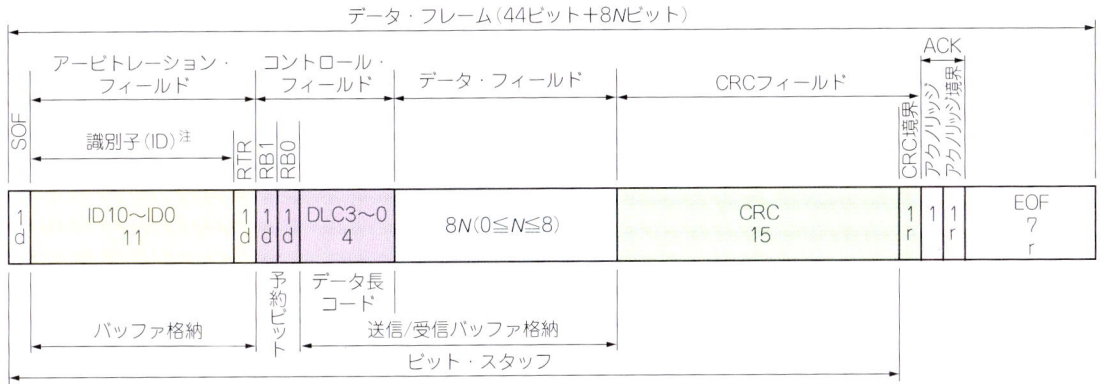

第3章　CANプロトコルを理解する

(a) データ・フレーム

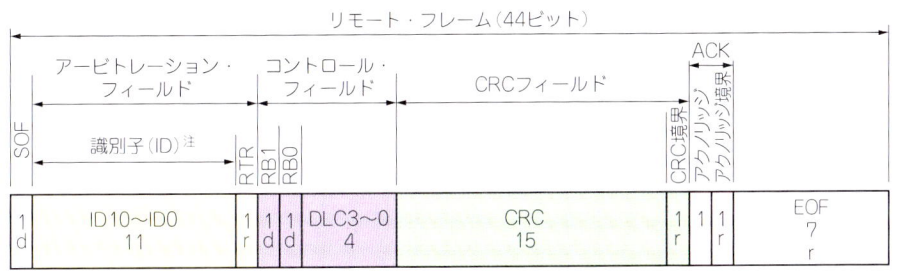

データ・フレーム（44ビット＋8Nビット）

SOF	アービトレーション・フィールド		コントロール・フィールド			データ・フィールド	CRCフィールド	ACK			EOF
	識別子（ID）注	RTR	RB1	RB0	DLC3～0			CRC境界	アクノリッジ	アクノリッジ境界	
1 d	ID10～ID0 11	1	1	1	4	8N（0≦N≦8）	CRC 15	1 r	1	1 r	7 r

- バッファ格納
- 予約ビット
- データ長コード
- 送信/受信バッファ格納
- ビット・スタッフ

注：IDは，CAN 2.0Aでは11ビット，CAN 2.0Bでは29ビット．

(b) リモート・フレーム

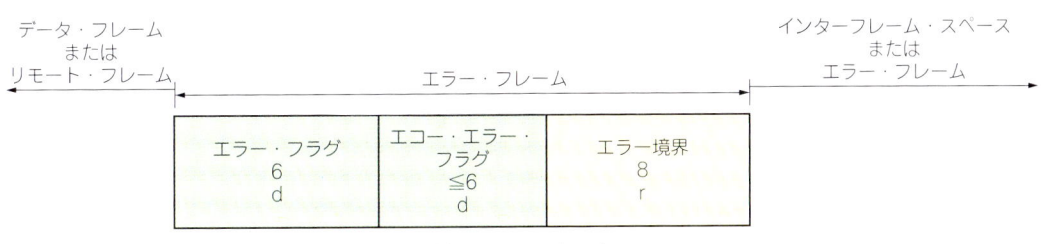

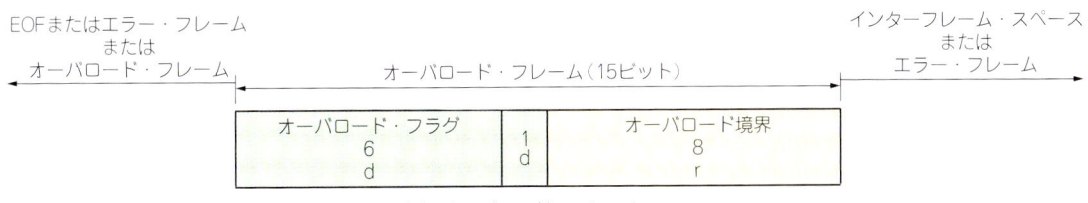

リモート・フレーム（44ビット）

SOF	アービトレーション・フィールド		コントロール・フィールド			CRCフィールド	ACK			EOF
	識別子（ID）注	RTR	RB1	RB0	DLC3～0		CRC境界	アクノリッジ	アクノリッジ境界	
1 d	ID10～ID0 11	1 r	1	1	4	CRC 15	1 r	1	1 r	7 r

(c) エラー・フレーム

データ・フレームまたはリモート・フレーム ── エラー・フレーム ── インターフレーム・スペースまたはエラー・フレーム

| エラー・フラグ
6
d | エコー・エラー・フラグ
≦6
d | エラー境界
8
r |

(d) オーバロード・フレーム

EOFまたはエラー・フレームまたはオーバロード・フレーム ── オーバロード・フレーム（15ビット）── インターフレーム・スペースまたはエラー・フレーム

| オーバロード・フラグ
6
d | 1
d | オーバロード境界
8
r |

図3　CANのメッセージ転送に用いられるフレーム

CANのメッセージ転送では，4種類のフレームが用意されている．同じIDを持つリモート・フレームとデータ・フレームが同時に送信された場合，RTRビットでアービトレーションをとる．データ・フレームのRTRビットはドミナント，リモート・フレームのRTRビットはリセッシブなので，データ・フレームが優先される．(c)のエラー・フレームは，エラーを検出したすべてのノードが送信するフレームだが，バスには遅延があるため，送信ノードから見て近端のノードと遠端のノードの間に送信のずれが発生する．エコー・エラー・フラグは，そのずれを最大6ビットまで許容するためのもの．なお，図中の数字はビット数を表す．また，dはドミナント，rはリセッシブを表す．

ム，および後述のリモート・フレームの開始を示します．つまり，「これから送信を開始します」という合図になります．また，リセッシブからドミナントに遷移するエッジは，ノードの同期をとる役割を果たします（同期については，後述）．

アービトレーション・フィールドは識別子（ID）とRTR（Remote Transmission Request）ビットで構成されています．ここで，識別子の長さはCAN 2.0Aでは11ビットと規定されています．識別子はMSB（most significant bit）から送信されますが，上位7ビットをすべてリセッシブで送信することは禁止されています．また，識別子は一意でなくてはなりません．

コントロール・フィールドは6ビットで構成されます．このうち，4ビットはデータ長コード（DLC0〜DLC3），2ビットは将来の拡張のための予約ビットとして用いられます．この予約ビットはドミナントで送信されます．データ長コードは，この後に続くデータ・フィールドの長さ（0〜8バイト）を決めるもので，バイト数として示されます．

データ・フィールドは，0〜8バイトで構成されており，MSBから送信されます．データ・フィールドはユーザが定義できる領域です．

CRCフィールドは，15ビットのコードと1ビットのCRC境界で構成されます．

データ・フレームとリモート・フレームにはACK（アクノリッジ）ビットが用意されています．ACKビットは，それぞれのフレームが正しく受信されたときに，受信ノードから返ってきます．

Ethernetではアクノリッジ・フレームが用意されていますが，CANの場合はデータ・フレームやリモート・フレームなどを送信している間に受信ノードがアクノリッジを返します．データ・フレーム，リモート・フレームともに送信時のACKビットのレベルは「リセッシブ」です．受信ノードが正常にフレームを受信すると，このビットを「ドミナント」に変換して応答します．送信側は，ACKビットが「ドミナント」になったので受信ノードが正常に受信したと判断します．つまり，フレームを送信している間，正しく受信されたかどうかがリアルタイムにわかるということです．CANノードはメッセージを送信しているときはつねに自分自身のビットをモニタしているため，こうした処理が可能となります．

最後に，フレームの終了を示すEOFフィールドが転送されます．データ・フレームとリモート・フレームでは，7ビットのリセッシブでEOFが構成されています．

2) リモート・フレーム

リモート・フレームは，送信ノードが受信ノードに対してデータを送信するようにリクエストするときに使用します．リモート・フレームは，次の六つのフィールドから構成されています（図3（b））．

- SOF
- アービトレーション
- コントロール
- CRC
- ACK

● EOF

　データ・フレームとリモート・フレームの違いは，データ・フィールドの有無とRTRビットの値だけです．また，リモート・フレームのアービトレーション・フィールドによって送信される識別子と，リクエストに応じて返信されてくるデータ・フレームのIDは一致します．

　ここで，同じIDのリモート・フレームとデータ・フレームが同時に送信されたとき，どのように調停（アービトレーション）されるのでしょうか．上述したように，データ・フレームとリモート・フレームの構成は，データ・フィールドがあるかないかが異なるだけで，そのほかの部分は同じです．そのため，RTRビットでアービトレーションをとります．RTRビットは，データ・フレームの場合，ドミナントで送信されます．一方，リモート・フレームの場合はリセッシブで送信されます．このことから，同時に送信された場合，データ・フレームが優先されることになります．

3) エラー・フレーム

　エラー・フレームは，エラー・フラグとエラー境界の二つのフィールドで構成されています（図3(c)）．また，エラー・フラグにはアクティブ・エラー・フラグとパッシブ・エラー・フラグの2種類があります．ノードの状態（ステータス）によって，どちらのエラー・フラグを送信するのかが決まります．ステータスはノード内部のエラー・カウンタの値によって変化しますが，詳細は後述のエラー検出の項で述べます．アクティブ・エラー・フラグは連続した6ビットのドミナントで，パッシブ・エラー・フラグは連続した6ビットのリセッシブで，またエラー境界は8ビットのリセッシブから構成されます．

　エラー・フラグとエラー境界の間には，「エコー・エラー・フラグ」があります．識別子に関係なく，エラーを検出したすべてのノードがエラー・フレームを送信します．しかし，バスには遅延があるため，送信ノードに近いノードと遠いノードの間では送信のずれが発生します．エコー・エラー・フラグは，そのずれを最大6ビットまで許容するために規定されています．

4) オーバロード・フレーム

　オーバロード・フレームは15ビットで構成され，次のような場合に送信されます（図3(d)）．

● 受信ノードの内部状態が次のデータ・フレームまたはリモート・フレームの遅延を要求する場合
● インターフレーム・スペース中にドミナントとなるビットを検出した場合

　前者としては，送信データの準備に時間が必要なケースが考えられます．例えば，リモート・フレームを受信したノードは同じ識別子を持つデータ・フレームを送信することを要求されますが，そのデータを準備するためになんらかのアプリケーションを実行する（例えばセンサ・データをA-D変換し，そのディジタル・データを加工する）といった場合です．

　あるデータ・フレームとその次に来るデータ・フレーム（またはリモート・フレーム）の間には，3ビット以上のインターフレーム・スペースを設けて分離するように規定されています．通常，インターフレーム・スペースはリセッシブですが，この間にドミナントとなるビットを検出すると，オーバロード・フレームが送信されます．

❸ メディア・アクセス方式

次に，アービトレーションについて説明します．

図4は，ネットワークに三つのノードが接続されており，同時にメッセージを送信している状態を示しています．図3で示したように，CANのメッセージ・フレーム（データ・フレーム，リモート・フレーム）はSOFで始まります．このとき，バス・レベルはドミナントです．

● 自分の送信するメッセージとバス・レベルをビットごとにモニタ

次はアービトレーション・フィールドの識別子が送信されます．この識別子のMSBからアービトレーションが始まります．各ノードのMSB（図4では10ビット目）を比較すると，いずれのノードもリセッシブ・レベルで，バスもリセッシブ・レベルとなっています．各ノードはバス・レベルをモニタしています．図4において，6ビット目まではそれぞれのノードのメッセージ・レベルとバス・レベルが同じなので，自分自身が送信していると判断しています．次に，5ビット目を見ると，ノード2はリセッシブ，ノード1とノード3はドミナントとなっています．ここで，アービトレーションが行われます．

識別子を送信している間，ビットごとに論理積（入力に一つでも '0' があれば，出力は '0'）をとってアービトレーションを行います．例えば，図4の場合は次の式になります．

　　　バス・レベル＝（ノード1のID$_n$）and（ノード2のID$_n$）and（ノード3のID$_n$）

ここで，ドミナントの論理値は '0' です．つまり，各ノードの5ビット目の論理積をとると，バス・レベ

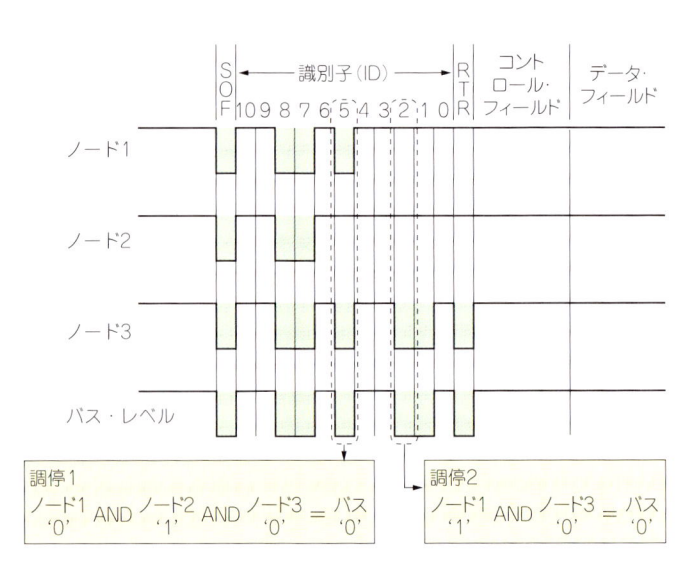

図4
CANのアービトレーション
アービトレーション・フィールドの識別子（ID）によって調停を行う．各ノードの送信ビットごとに論理積をとって，モニタしているバス・レベルと同じであれば送信し，異なれば送信を停止して，送信可能な状態になるまで待機する．

第3章　CANプロトコルを理解する

ルは'0'，つまりドミナントになります．ノード2はバス・レベルと自分のメッセージのレベルが違うので，すぐに送信を止めます．同じ要領で，2ビット目ではノード1とノード3のアービトレーションをとり，最終的にノード3がメッセージを最後まで送信できることになります．

　アービトレーションによってメッセージの送信を止めたノード1とノード2は，ノード3が送信を終了すると直ちに再送を開始します．再度ノード3が送信を開始しないかぎり，最初にノード1が送信し，その後ノード2が送信してアービトレーションが終了します．

　このように，CANはEthernetと同じCSMA方式を採用しているのですが，リアルタイム性に優れています．

● 車種やネットワークの変更に柔軟に対応するために識別子を用いる

　ここで，識別子の話をもう少し詳しくしておきましょう．

　Ethernetには，フレームの中に「ソース（送信元）アドレス」と「デスティネーション（送信先）アドレス」が組み込まれていて，自分自身のアドレスと送りたい相手のアドレスが明示されています．わたしたちの日常生活を例にとって言えば，手紙の封筒の表に書かれている住所（相手先住所）が「デスティネーション・アドレス」になり，裏面に書かれている住所（送り側の住所）が「ソース・アドレス」に当たります．Ethernetの各ノードは一意のアドレスが与えられているので，受信したメッセージの「デスティネーション・アドレス」をチェックして，自身のアドレスと一致すればフレームを取り込みます．一致しなければ廃棄します．

　一方，CANフレームにはEthernetのようなアドレスはなく，代わりに識別子が組み込まれています．この識別子は，送信元や送信先を示すのではなく，その後に来るデータの意味を表しています．例を，**図5**に示します．

　CANの場合，あるノードがデータ・フレームなどの何かしらのフレームをバスに送信したとき，受信ノードはバス上のすべてのフレームを受け取ります．しかし，実際にはすべてのフレームを受信する必要は

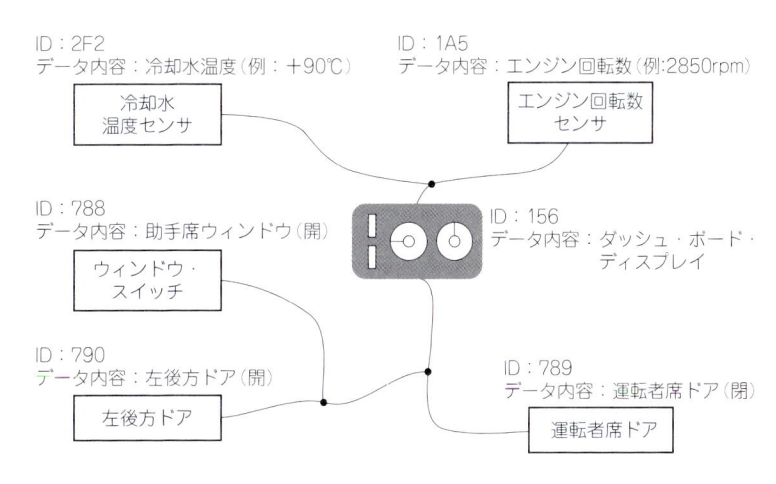

ID：2F2　データ内容：冷却水温度（例：＋90℃）
冷却水温度センサ

ID：1A5　データ内容：エンジン回転数（例：2850rpm）
エンジン回転数センサ

ID：788　データ内容：助手席ウィンドウ（開）
ウィンドウ・スイッチ

ID：156　データ内容：ダッシュ・ボード・ディスプレイ

ID：790　データ内容：左後方ドア（開）
左後方ドア

ID：789　データ内容：運転者席ドア（閉）
運転者席ドア

図5
CANの識別子
CANの識別子は，その後に送られてくるデータの意味を表している．

ありません．このため，各ノードは識別子（ID）フィルタを持っており，このフィルタと一致した識別子だけを上位層に送ります（こうしたしくみを「マルチキャスト」という）．これによって，自動車の車種が多様化しても，ネットワークの規模が変わっても，柔軟に対応できるようになっています．ただし，注意しなければならないのは，同じ識別子が二つ存在してはならないということです．

❹ エラー検出とノードの同期

次に，エラーと不ぐあいノードの封じ込めについて説明します．

● **エラーの発生した回数に応じて状態を遷移する――基本は送受信継続**

CANでは，次のようなエラーを検出します（図6）．

- ビット・エラー：送信ノードが送信しているビット値と違う値を検出したとき
- スタッフ・エラー：連続して同じ値のビットを6ビット以上受信したとき
- CRCエラー：受信ノードがCRC計算した結果，計算値がまちがっていたとき
- フォーム・エラー：受信ノードが規定フォームと異なるビットを検出したとき
- アクノリッジ・エラー：送信ノードがアクノリッジのドミナント・ビットを検出できないとき

各ノードは，こうしたエラーを検出したとき，エラー・フラグを送信します．

CANの各ノードはREC（Receive Error Counter）とTEC（Transmit Error Counter）という二つのカウンタを内蔵しています．エラーを検出すると，その内容によってカウンタの値を増減します．図7に示すように，RECとTECのカウンタ値によって三つの状態，すなわち，「エラー・アクティブ」，「エラー・パッシブ」，「バス・オフ」に遷移します．

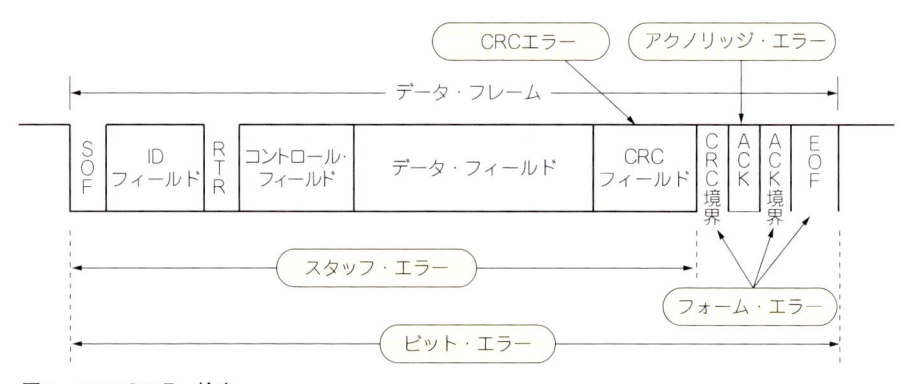

図6　CANのエラー検出
CANでは，ビット・エラー，スタッフ・エラー，CRCエラー，フォーム・エラー，アクノリッジ・エラーという五つのエラーを検出する．

ノードのカウンタ値が127を超えると，通常のフレーム送受信状態（エラー・アクティブ）からエラー・パッシブという状態に遷移しますが，ここでは送受信を継続しています．エラー・パッシブに入った後，エラーが発生しなければカウンタ値が下がり，エラー・アクティブに戻ります．逆に，エラー・パッシブで不ぐあいノードがネットワーク上に異常な信号を出し続けると（この状態を「bubble idiot」と呼ぶ），カウンタ値は上がっていきます．カウンタ値が255に達すると，そのノードはネットワークから切り離されるバス・オフ状態になります．このようにして，エラーのあるノードがネットワークに対して悪い影響を与えないようにします．

なお，バス・オフ状態ではバスは論理的に切り離されるだけで，物理的（ハードウェア的）に切り離されてはいません．11ビットの連続したリセッシブ状態が128回発生することを検知すると，バス・オフ状態からエラー・アクティブ状態に遷移します．

● **同期——クロック精度を規定してタイム・トリガに対応**

CANネットワークでは各ノードは非同期で動いています．そのため，ノードどうしの同期の実現方法，およびそれによって各ビットが正しく判定できるようなしくみが必要になります．

図8に，1ネットワーク・ビットの構成を示します．CANのネットワークの伝送速度は5kbps～1Mbpsの可変レートです．例えば，この伝送速度を500kbpsに設定すると，1ビット当たりの伝送時間（1ビット・タイム）は2 μsです．この2 μsは，次の四つのセグメントで構成されています．

- SYNC_SEG：バス上の各ノードの同期をとる
- PROP_SEG：ネットワークの物理的な遅延時間を補う
- PHASE_SEG1，PHASE_SEG2：エッジ位相エラーを補う

上述の各セグメントは，さらに「タイム・クァンタム」と呼ばれる単位に分割されます．タイム・クァン

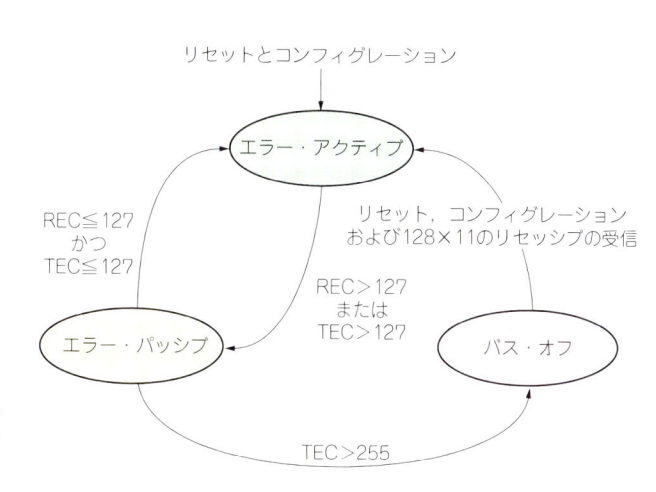

図7
不ぐあいノードの封じ込め
バス上に接続されたノードは，TEC（送信エラー・カウンタ）とREC（受信エラー・カウンタ）を内蔵している．

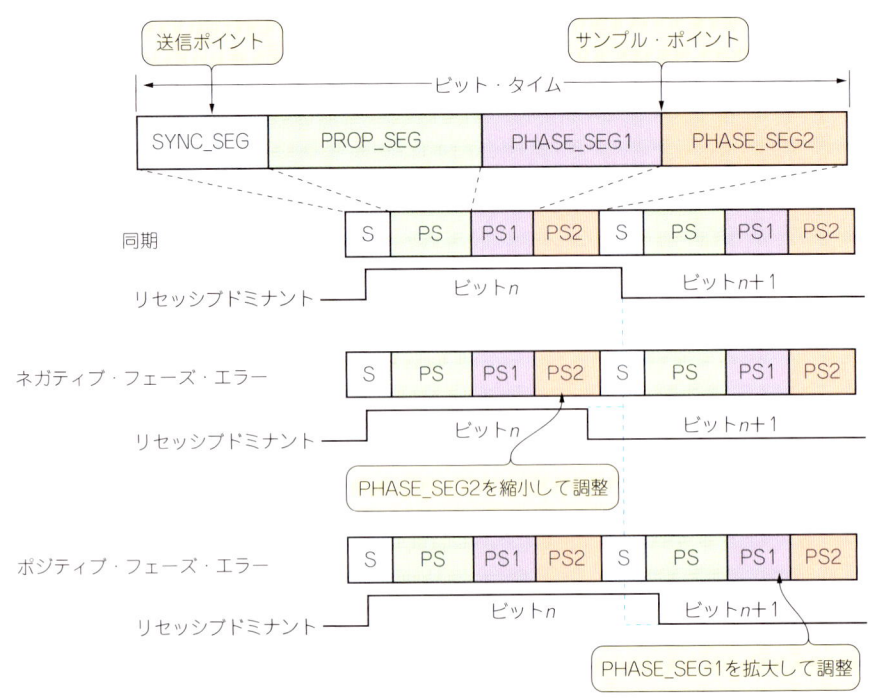

図8　CANビット・タイミング
各セグメントは，クァンタムと呼ばれるさらに分割した単位で構成されている．1ビット・タイムは，8～25クァンタムで構成される．

タムは，ネットワークのビット・レート（クロック発振子）に応じた値をとります．
- SYNC_SEG：1タイム・クァンタム
- PROP_SEG：1～8タイム・クァンタム
- PHASE_SEG1：1～8タイム・クァンタム
- PHASE_SEG2：PHASE_SEG1の最大値＋情報処理時間（情報処理時間≦2タイム・クァンタム）

1ビット・タイムは，8～25タイム・クァンタムで構成されなくてはなりません．

先ほどのネットワークの伝送速度が500kbpsの場合，つまり1ビット・タイムが2 μs（＝1÷500×10^3）のときには，1ビット・タイムが8タイム・クァンタムで構成されたとすると，1タイム・クァンタムは0.25 μs（＝2 μs÷8）になります．25タイム・クァンタムで構成された場合は，1タイム・クァンタムは0.08 μsになります．

ビットの判定は，PHASE_SEG1とPHASE_SEG2の境界で行われます．このビット判定のポイントを「サンプル・ポイント」と呼びます．ただし，サンプル・ポイントはあるPHASE_SEG1とPHASE_SEG2の境界1ヵ所の場合と，その境界の前後の二つを加えた合計3ヵ所の場合があります．3ヵ所の場合は多数決でビット判定が行われます．

各ビットの立ち下がりエッジがSYNC_SEGのセグメント内に入っているかどうかで同期を判定します．

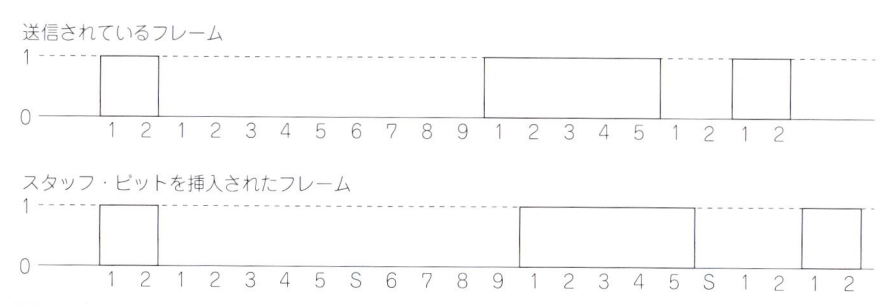

図9 ビット・スタッフの例

CANの再同期プロセスは，立ち下がりが発生するたびにビット単位で行われる．この立ち下がりを検出するため，CANでは連続して同じビットが並ばないようにビット・スタッフというしくみを用いている．ビット・スタッフは，送信側が5ビット以上連続して同じビットを送ったとき，そのビットと逆のビットを6ビット目に挿入する．そして，受信側は受信したとき6ビット目を削除する．

このセグメントに入っていれば同期がとられていることになります．ビットの立ち下がりがSYNC_SEGより前であればPHASE_SEG2が縮小し，SYNC_SEGより後であればPHASE_SEG1が拡張して再同期を行います(図8)．このプロセスは，立ち下がりが発生するたびにビット単位で行われます．スタッフ・ビットが挿入される理由はここにあります(図9)．

参考・引用*文献
(1) Christopher A. Lupini；Multiplex Bus Progression 2003，SAE 2003-01-0111，2003．

column　CAN 2.0Bプロトコル

　本文で説明したCAN 2.0Aの識別子は11ビットですが，CAN 2.0Bでは識別子の長さが異なる2種類のフォーマットがあります(図A-1)．
- 標準フレーム：11ビットの識別子を有するフレーム
- 拡張フレーム：29ビットの識別子を有するフレーム

　アービトレーション・フィールドのフォーマットは標準フレームと拡張フレームで異なります．標準フレームのアービトレーション・フィールドは，11ビット(ID28～ID18)の識別子とRTRビットで構成されています．一方，拡張フレームのアービトレーション・フィールドは29ビット(ID28～ID0)，SRRビット，IDEビット，RTRビットで構成されています．さらに，拡張フレームの識別子は，基本識別子(base ID)と呼ばれる領域と拡張識別子(extended ID)と呼ばれる領域の二つに分かれています．
- 基本識別子：基本識別子は11ビットで構成されている．これらのビットはID28から順番にID18まで送信される．つまり，標準フレームの識別子と同じである．基本識別子は，拡張フレームの優先順位を定義する．
- 拡張識別子：拡張識別子は18ビットで構成されている．これらのビットは，ID17から順番にID0まで送信される．

　拡張フレームのアービトレーション・フィールドにはSRRビットが追加されています．SRRビットのレベルはリセッシブです．SRRビットは，標準フレームのRTRビットの位置で送信されます．つまり，標準フレームのRTRの代用となります．このため，標準フレームと拡張フレームの間の衝突は，両フレームの基本識別子により，標準フレームが優先されることで解決されます．

　SRRビットの次にIDEビットがきます．拡張フレームでは，IDEビットはアービトレーション・フィールドに属しますが，標準フレームではコントロール・フィールドに属します．また，拡張フレームのIDEビットはリセッシブですが，標準フレームではドミナントで送信されます．

　以上が，CAN 2.0AとCAN 2.0Bの違いです．そのほかは同じです．

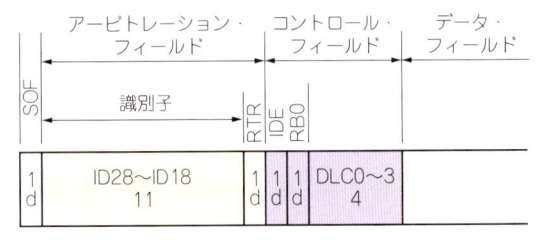

(a) 標準フォーマット

(b) 拡張フォーマット

図A-1　CAN 2.0Bの標準フレームと拡張フレーム

第4章
CANシステムはこう設計する
―― 車載機器にもトップダウン設計の考えかたがたいせつ

本章では，車載用通信プロトコルCANを採用したシステムを開発する方法について説明する．実際のCANコントローラLSIを例にとって，送受信の構造や割り込みなどを解説する． （編集部）

　ECU（electronic control unit；電子制御ユニット）の制御アーキテクチャとしては，大きく「集中制御方式」と「分散制御方式」の二つが挙げられます（図1）．

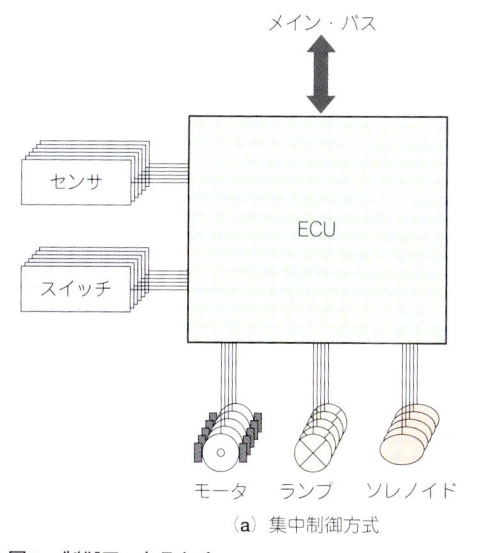

図1　制御アーキテクチャ
(b)のように，ネットワークを介して入出力装置をECUに接続することで，ワイヤ・ハーネスの量を低減できる．

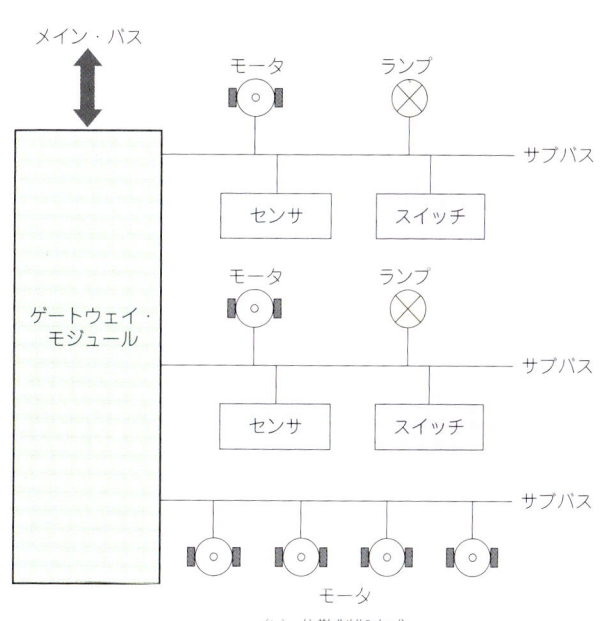

(a) 集中制御方式

(b) 分散制御方式

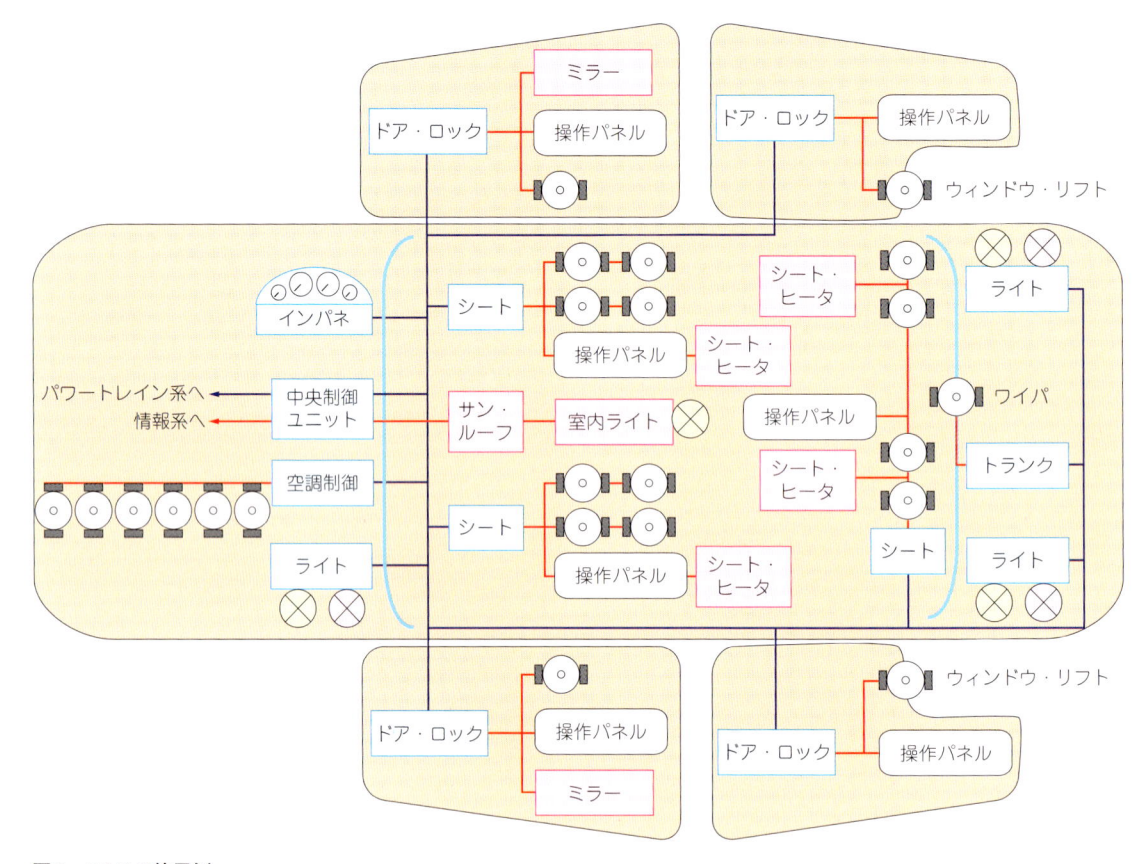

図2　CANの使用例
ボディ系におけるCANの採用例を示す．青い線がCANバスを，赤い線がLIN（local interconnect network）バスを表している．

　集中制御方式のシステムでは，センサからの情報の取得やバルブ/モータの駆動などを一つのECUで制御します．一つのECUが複数の入出力装置と1対1で接続されているため，搭載する装置を追加すればECUの入出力端子が増え，ワイヤ・ハーネスの種類や本数も増加します．これは，自動車の重量や燃費に影響を与えることになります．

　このような問題の解決策の一つとして考えられているのが分散制御方式です．この方式では，ネットワークを介して複数の入出力装置をECUに接続します．ネットワーク化によって，ワイヤ・ハーネスの量が低減できます．また，そのネットワークが標準化されたものであれば，設計の柔軟性が向上しますし，開発期間の削減にもつながります．

　車載ネットワーク・プロトコルの一つであるCAN（controller area network）はISO 11898（高速CAN）として標準化されており，現在では欧州をはじめとして米国や日本の自動車メーカも搭載し始めています．いわば，車載ネットワーク・プロトコルのデファクト・スタンダードと呼べるものです．CANプロトコルは，自動車の主要な機能（走る，止まる，曲がる）を司るパワートレイン（動力伝達）系システム，シートや

第4章　CANシステムはこう設計する

図3　おもな車載向けネットワーク・プロトコル
現在，自動車市場に受け入れられている代表的なネットワーク・プロトコルを図に示す．これらのうち，筆者ら（米国Freescale Semiconductor社）はLIN，CAN，FlexRay，J1850をサポートしている．

ドア，ミラーなどを制御するボディ（車体）系システムなどで採用されています（図2）．

なお，米国の自動車関連の業界団体であるSAE（Society of Automotive Engineers）は，自動車内のネットワークを以下のような三つのクラスに分けています（図3）．

- クラスA通信：LIN，SAE J1850 など
- クラスB通信：低速フォールト・トレラントCAN など
- クラスC通信：高速CAN など
- クラスD通信：FlexRay，MOST など

❶ CANシステムを開発するための基礎知識

ここではいくつかの例を示しながら，実際にCANシステムをどのように開発するのかを解説したいと思います．

● ドアや計測器の制御に応用

図4にドア・システムを示します．このドア・システムは，サイド・ミラーのX-Yの位置調整やミラーの格納（フォールド），ドア・ロック，ウィンドウ・リフトといった機能を備えています．

この例では，ユーザ（運転者）が与えるスイッチの情報が別のノードからCANバスを通じてこのノードに送られます．このドア・システムのノードは，送られてきたフレームのID（識別子）を解釈し，そのデータをもとに，例えばミラーの位置調整（左右，上下に動かす）を行います．このようにして，運転者はサイド・ミラーをベスト・ポジションに固定します．また，このポジションをメモリに格納しておき，次に運転者が運転するときはサイド・ミラーが前回と同じ位置になるようにします．

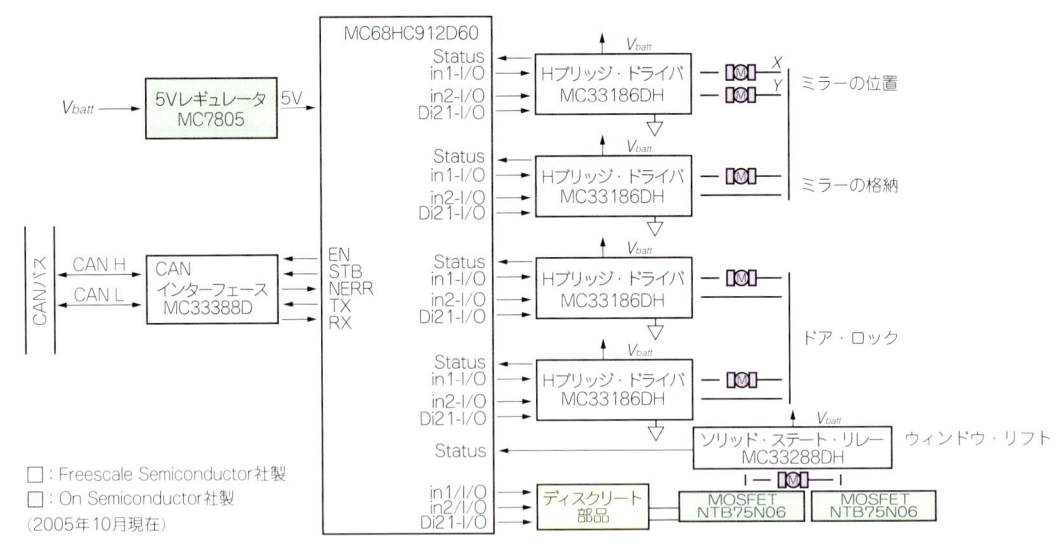

図4　CANを使用したドア・システムの例
このドア・システムは，サイド・ミラーのX-Yの位置調整やミラーの格納，ドア・ロック，ウィンドウ・リフトの機能を実現する．

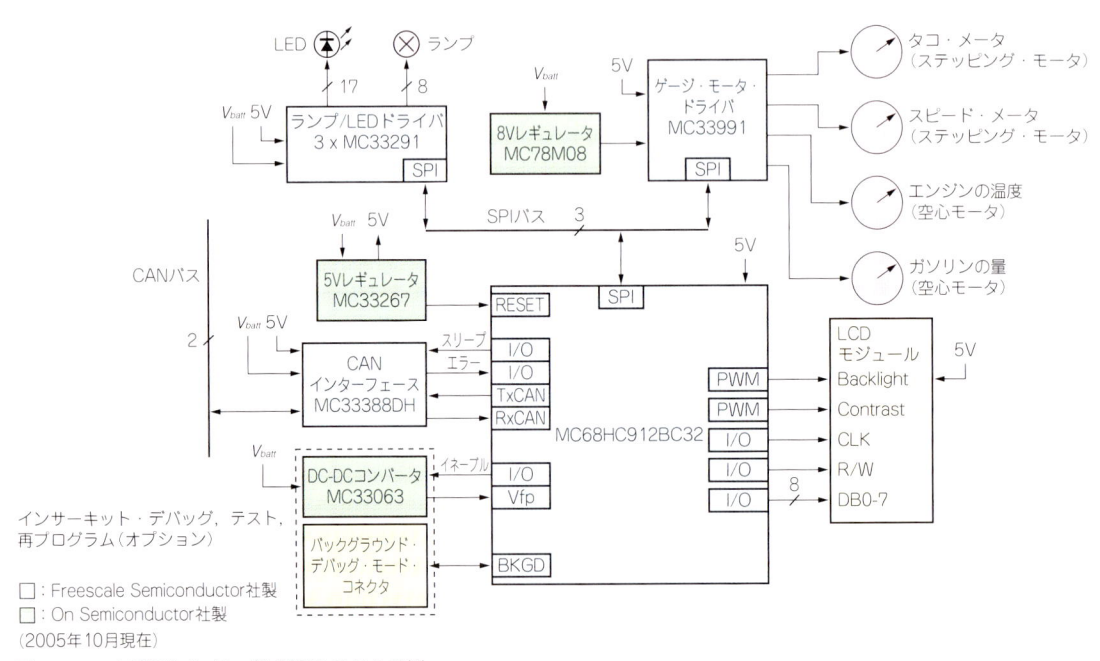

図5　CANを利用したインパネ制御システムの例
運転者は，インパネ制御システムを介して，速度（スピード・メータ）や回転数（タコ・メータ），エンジンの温度，ガソリンの量，走行距離，ランプのON/OFFなど，さまざまな自動車に関する情報を得ることができる．

第4章　CANシステムはこう設計する

　次に，計器盤（インパネ）制御システムの例を示します（図5）．運転者は，インパネ制御システムを介して，速度（スピード・メータ）や回転数（タコ・メータ），エンジンの温度，ガソリンの量，走行距離，ランプのON/OFFなど，自動車に関するさまざまな情報を得ることができます．ドア・システムと同じように，この装置に表示される情報は，CANバスを通じてそのほかのノードから流れてきます．

● データリンク層と物理層はハードウェアで実現

　ここで，CANプロトコルの構造について少しおさらいしておきます．CANプロトコルの仕様は，OSI参照モデルの7層のうち，データリンク層と物理層の二つだけを規定しています（図6）．トランスポート層やネットワーク層は規定していません．

　トランスポート層とネットワーク層は，1993年にドイツで設立されたOSEKコンソーシアムが標準化の推進を行っています．さらにOSEKコンソーシアムは，欧州で自動車内のネットワークに接続されるECU用のリアルタイムOSや通信仕様の標準化も行っています．

　CANコントローラに要求される機能を図7に挙げます．これらの要求機能を実現するには，どのような方法があるのでしょうか．実現方法には，ハードウェアで実現する方法とソフトウェアで実現する方法があります．現在，ほとんどの半導体メーカは，マイクロコントローラにプロトコル処理専用の機能ブロックを付加することによって，つまりハードウェアでデータリンク層や物理層の機能を実現しています．このようにCANモジュールは，物理層のトランシーバ部分を除いて，すべてマイクロコントローラに統合されています．

　物理層のトランシーバ部分の特徴について表1に示します．トランシーバについては，各半導体メーカからさまざまな仕様のLSIが製品化されています．

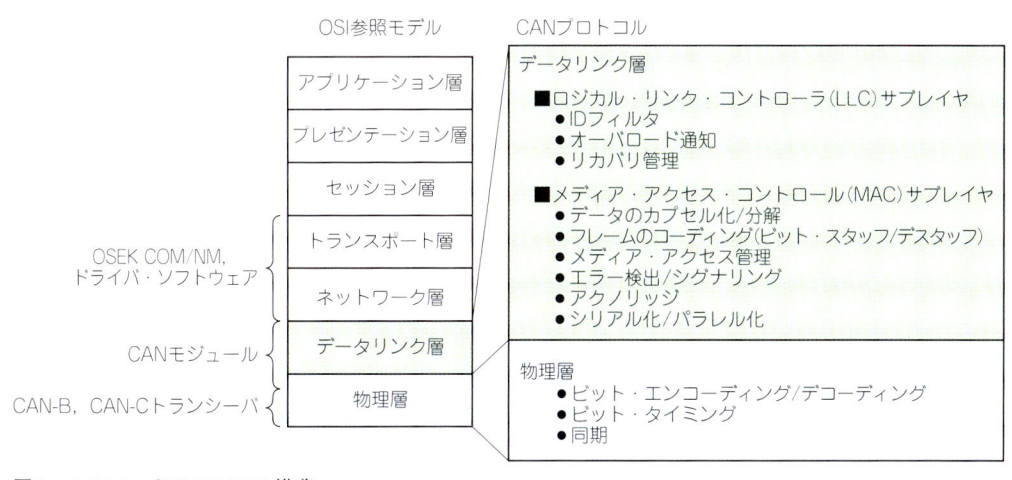

図6　CANノードのISO/OSI構造
CANプロトコルの仕様は，OSI参照モデルの7層のうち，データリンク層と物理層の二つだけを規定している．

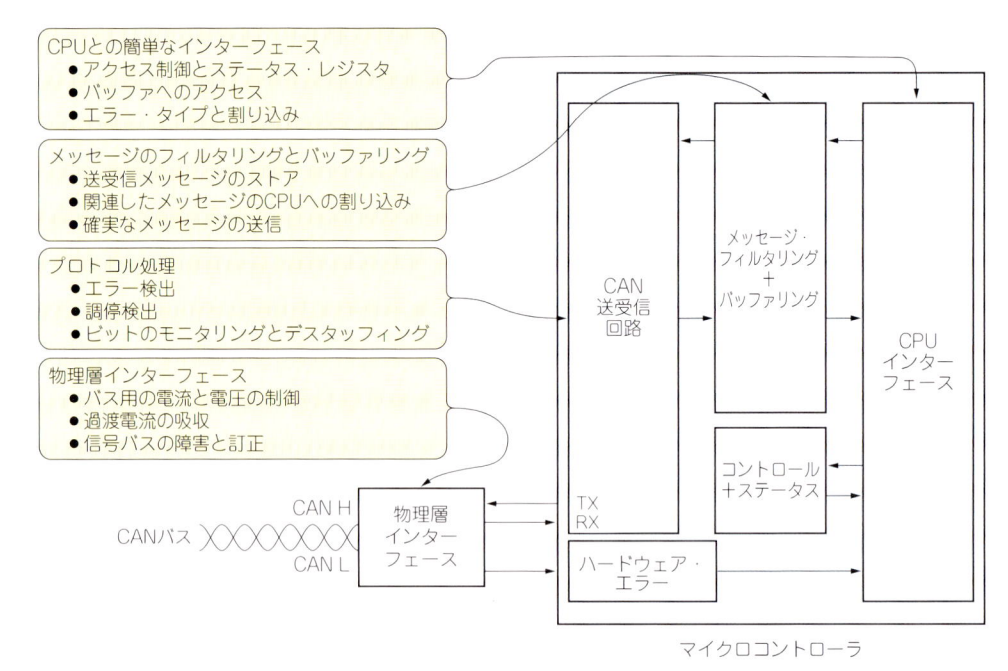

図7 CAN コントローラに要求される機能

CPUとの簡単なインターフェース
- アクセス制御とステータス・レジスタ
- バッファへのアクセス
- エラー・タイプと割り込み

メッセージのフィルタリングとバッファリング
- 送受信メッセージのストア
- 関連したメッセージのCPUへの割り込み
- 確実なメッセージの送信

プロトコル処理
- エラー検出
- 調停検出
- ビットのモニタリングとデスタッフィング

物理層インターフェース
- バス用の電流と電圧の制御
- 過渡電流の吸収
- 信号バスの障害と訂正

(図中: CANバス、CAN H、CAN L、物理層インターフェース、TX/RX、CAN送受信回路、メッセージ・フィルタリング+バッファリング、コントロール+ステータス、ハードウェア・エラー、CPUインターフェース、マイクロコントローラ)

図に示すような機能がCANコントローラには要求されるが、実現方法としてはハードウェアによる方法とソフトウェアによる方法がある。

表1 CAN 物理層インターフェース

FTCAN(fault-tolerant CAN)は、高速CANと同じくワイヤ2本で構成されている。また、ノイズを低減するため、CAN HとCAN Lの差動信号を用いる。高速CANとの違いは、どちらかのワイヤが開放(オープン)または短絡(ショート)したときに、もう一方のワイヤで通信できるようなしくみを備えている点である。1XCANはワイヤが1本で通信するように規格されている低速のCAN.

	高速CAN	FTCAN	1XCAN
バス・ワイヤ数	2	2	1
最大バス速度	1Mbps	125kbps	33.33kbps
バス・トポロジ	リニア	バス、スター、リング	バス、スター、リング
標準化	ISO 11898, SAE J2284	ISO(進行中)	SAE J2411

❷ CAN ネットワーク・システムを開発する

ここまではISO/OSI参照モデルの観点から、CANノードのECUに必要なものの概要を見てきました。次は、どのようなシステムをどのように構築していくのかを考えなければなりません。

● 車載ネットワークはトップダウン設計で

例えば、あるシステムを実現する際に、ノード数をどれくらいにするのかということを考えなければな

第4章 CANシステムはこう設計する

りません．このとき，まずそのシステムの全体像を把握します．システムを分散制御アーキテクチャで構築する場合には，どこまで細かくシステムを切り分けるのかがポイントとなります．そして，システムをうまく構築できるかどうかは，システム・エンジニアの考えかた（システム設計）にかかってくると思います．ですから，システム・エンジニアはあらゆる条件を考えて，もれがないようにしなければなりません．一般には上位設計から下位設計へ，つまりコンセプトからより詳細な機能へと段階的に設計作業を進めていきます．

システム・エンジニアがシステム仕様を決定した後，CANのノードを開発にするにあたって，仕様を以下のように大きく二つに分けて考えることがたいせつです．

- アプリケーションの部分
- ネットワークの部分

なぜかと言うと，検証の作業に入って不ぐあいが見つかったとき，それがアプリケーションの問題なのかネットワークの問題なのかを明確にするためです．CANプロトコルは事象駆動（イベント・ドリブン）型なので，こうした配慮はとくに重要です．

そのほかに大事なこととして，次のようなものが挙げられます．

1) ノード間のアプリケーションからアプリケーションへ移行する際のリアルタイム性をどう確保するか
2) スケジューラやOSをどうするか
3) ネットワーク管理をどうするか
4) 識別子（ID）の意味づけをどうするか．どのようなフレームを使用するか．また，IDを何種類にするか
5) ネットワーク・トラフィックのワースト・ケースはどのような状態か
6) ネットワーク上の不ぐあい対策をどうするか
7) 電源の供給をどうするか
8) 設置場所はどこなのか
9) 静電気放電（ESD）や電磁放射ノイズ（EMC）の問題をどうするか
10) ワイヤの種類や長さをどうするか
11) コスト（人数，時間，生産工程，設計ツール，部品など）をどのように抑えるか

とくに1)のリアルタイム性の確保については，十分に検討する必要があります．例えば，あるノードのアプリケーションの実行を開始し，関連しているノードのアプリケーションの実行が終了するまでの実時間を評価しなければなりません．つまり，図8(a)に示す運転者席ドア・ノードと乗客席ドア・ノードの間で，運転者がオートロックのボタンを押したとき，各ドアのロックが0.5秒以内に終了するという仕様に対して，実際にどのくらいの処理時間がかかるのかを評価する必要があります．図8(b)に示す一連の動作に対してどのくらいの時間がかかるのかを見積もり，リアルタイム性が確保されていることを確認できれば，このシステムは実現可能であると判断できます．つまり，仕様を満足しているということです．

2)については，タスクが少ない場合であれば独自のスケジューラを作成できます．また，さまざまなリ

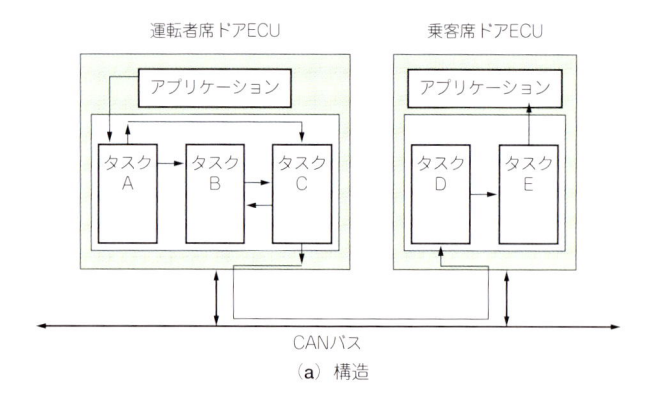

図8 実時間(リアルタイム)評価の例

実時間評価の例として，運転者席ドア・ノードと乗客席ドア・ノードを取り上げる．

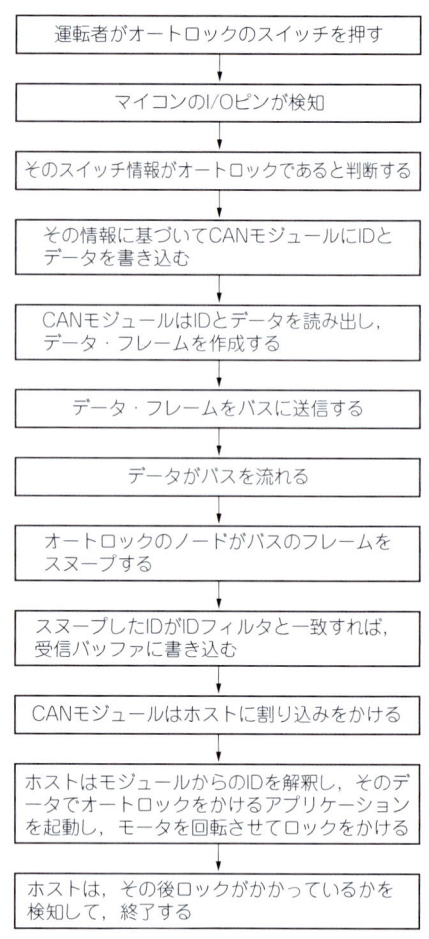

アルタイムOSが製品化されています．独自のものを使うにせよ，外部から調達するにせよ，次のような点に留意する必要があります．

- OSの実処理時間(性能)
- OSのメモリ占有サイズ
- 技術サポート
- 信頼性
- 実績

　3)についても，どのようにネットワークを管理するのかを検討しなければなりません．例えば，各ノードが正常に動作しているか，あるいは何か異常があって動作していないかを，ある時間間隔で確認する必要があります(つまり，ネットワーク・システムが正常か異常かを把握する必要がある)．同時に，

第4章 CANシステムはこう設計する

(a) msCAN08のおもな仕様

- CAN 2.0 A/Bに対応
- 標準データ・フレームおよび拡張データ・フレーム
- 0～8バイトのデータ長
- ネットワーク・ビット・レートは最大1Mbps(プログラマブル)
- 二重の受信メッセージ・バッファ
- 「ローカル・プライオリティ」コンセプトを使用した,内部優先機能を持った送信トリプル・バッファ(TBPR/PRIO7-PRIO0)
- 柔軟でマスク可能なIDフィルタ(CIDMR0-3)
- プログラム可能なローパス・フィルタを内蔵したウェイクアップ機能(CMCR1/LPPPB)
- プログラム可能なループバック・モードの自己テストをサポート(CMCR1/WUPM)
- すべてのレシーバ/トランスミッタ用にエラーと割り込みを分離している(CRFLG/CLKSRC)
- プログラム可能なクロック・ソース(PLL,オシレータ)(CMCR1/CTFLG)
- タイム・スタンプまたはネットワーク同期のためのプログラム可能なタイマ・モジュール・リンク
- 低消費電力スリープ・モード

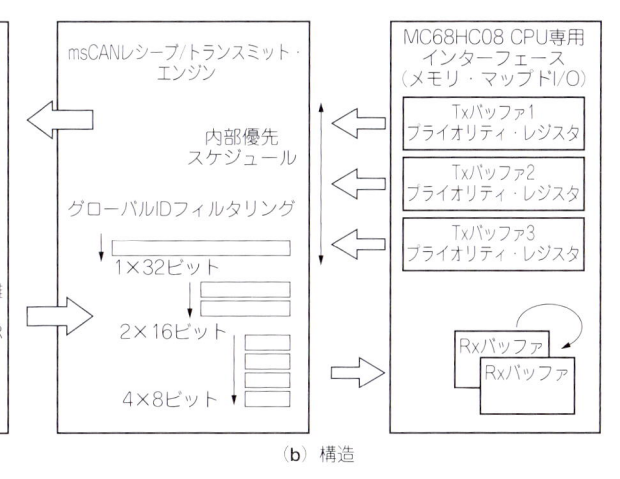

図9 msCANシリーズの概要

(a)にFreescale Semiconductor社のCANコントローラ「msCAN08」のおもな仕様を示す.(b)はmsCANの構造である.

- 各ノードを識別する
- 各ノードを診断する
- 各ノードに問い合わせる
- 各ノードのデータベースを構築する

といった機能を有するノードの設置も検討しなければならないでしょう.

6)のネットワーク上でとくに問題となる不ぐあいは,「バブル・イディオット」と呼ばれています.これは,あるノードが不ぐあいを起して,異常なフレームをバス上に流し続ける症状を言います.この異常なフレームがバスを占有してしまうため,正常なノードが通信できなくなり,ネットワーク・システムが破壊されてしまいます.ノードの側では,バブル・イディオットをバス上に出さないような対策を施す必要があります.それにはバブル・イディオットを定義し,その一つ一つに対策を打つことがたいせつです.

別の不ぐあいとして,バスのグラウンドやバッテリ,バスどうしのショート/オープン(短絡/開放)故障があります.これらの不ぐあいを検出してホストに通知する機能や,バスがショートしたときにノードを保護する機能が必要となります.

● CANシステムの送受信構造

システム設計が終わると,ネットワークのさまざまな問題は解決します.次にノードの設計に移るわけですが,ここでは米国Freescale Semiconductor社が開発したCANモジュール「msCAN08」を例にとって説明したいと思います(図9).図10にmsCAN08のメモリ・マップを示します.このメモリ・マップからわかるように,各レジスタの設定の意味や機能を理解すれば,それをプログラミングすることでCANの通

$xx00 $xx08	制御レジスタ
	（予約）
$xx0E $xx0F	エラー・カウンタ・レジスタ
$xx10 $xx17/$xx1F	IDフィルタ用レジスタ
	（予約）
$xx3D	（ポート・レジスタ）
$xx40	受信バッファ
$xx50	送信バッファ0
$xx60	送信バッファ1
$xx70	送信バッファ2

図10　msCANのメモリ・マップ
各レジスタの設定の意味や機能を理解すれば，それをプログラミングすることでCANの通信を実現できる．

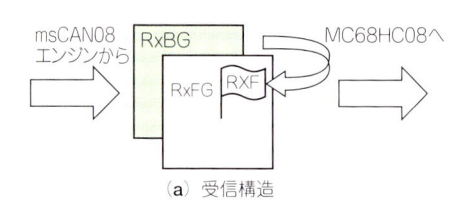

図11　msCANのメッセージ・バッファ
バスからトランシーバを通じて受信したメッセージは，(a)に示すような2段構成の入力FIFOに格納される．これは(c)に示すように，13バイトのデータ構造を持っている．

信を実現できます．

　まず，msCAN08の受信の構造について説明します．

　バスからトランシーバを通じて受信したメッセージは，2段構成の入力FIFOメモリに格納されます．これは13バイトのデータ構造を持っています（図11）．受信フラグ・レジスタ（CRFLG）内の受信バッファ・フル（RXF）フラグに，フォアグラウンドの受信バッファ（RxFG）の状態が表示されます．IDが一致すると，正常に受信したことを表すメッセージがバッファに格納され，RXFフラグがセットされます．メッセージを正常にバックグラウンドの受信バッファ（RxBG）に受信すると，RxBGの内容をRxFGにコピーし，RXFフラグがセットされて，CPUに対する受信割り込みが発生します．そして，続く新しいメッセージがRxBGに受信されます．このためユーザの受信ハンドラは，受信メッセージをRxFGからの読み出しや割り込みに対するアクノリッジ（ACK）を返すため，RXFフラグをリセットし，RxFGを解放する必要があります．

　以上のようにmsCAN08は，RxBGとRxFGの二つのバッファで構成されています．このため，正常に受信したメッセージが格納されているRxFGとRxBGの両方が，バスからさらに別のメッセージを受信しようとすると，オーバラン状態が発生します．後者のメッセージは失われて，オーバラン表示の割り込みが発生します（イネーブルされている場合）．

　RxBGの上書き機能は，IDフィルタ機能と独立しています．オーバラン状態では，msCAN08はCANバスとの同期を維持したままとなります．メッセージの送信は可能ですが，すべてのメッセージが失われてしまいます注1．

注1：msCAN08は，自分自身のメッセージをRxBG内に受信するが，RxFGの上書きは行われず，受信割り込みも発生しない．また，CANバス上の自分自身のメッセージに対してアクノリッジも行わない．ただし，ループバック・モードの場合は例外となる．

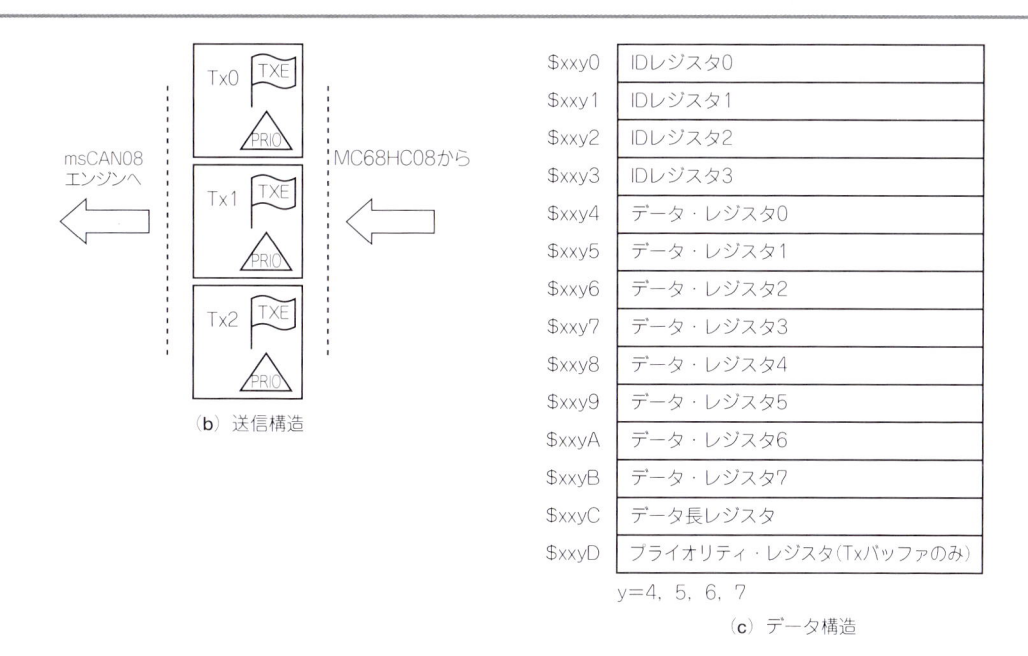

第4章　CANシステムはこう設計する

$xxy0	IDレジスタ0
$xxy1	IDレジスタ1
$xxy2	IDレジスタ2
$xxy3	IDレジスタ3
$xxy4	データ・レジスタ0
$xxy5	データ・レジスタ1
$xxy6	データ・レジスタ2
$xxy7	データ・レジスタ3
$xxy8	データ・レジスタ4
$xxy9	データ・レジスタ5
$xxyA	データ・レジスタ6
$xxyB	データ・レジスタ7
$xxyC	データ長レジスタ
$xxyD	プライオリティ・レジスタ（Txバッファのみ）

y＝4，5，6，7

（b）送信構造

（c）データ構造

　送信構造は，図11（b）に示すようにトリプル送信バッファ方式を採用しています．複数のメッセージをあらかじめ設定しておくことにより，最適なリアルタイム性能を達成しています．3個のバッファは13バイトのデータ構造を持っており，送信バッファ優先順位レジスタが付加された「ローカル・プライオリティ・フィールド（PRIO）が配置されています．

　メッセージを送信するとき，CPUは使用可能な送信バッファを指定する必要があります．この空きバッファはmsCAN08の送信フラグ・レジスタ（CTFLG）内の送信バッファ・エンプティ（TXE）フラグのセットで表示されます．次に，CPUはID，コントロール・ビット，データを送信バッファの一つに設定します．最後に，TXEフラグをクリアにすることによって，バッファの転送準備が完了したことをフラグで表さなければなりません．msCAN08では，メッセージの送信をスケジュールし，バッファの正常な送信が行われるとTXEフラグをセットします．TXEフラグがセットされると，このフラグを使用してアプリケーション・ソフトウェアを起動します．これでバッファの再ロードが可能となり，送信割り込みが発生します．

　CANバスが利用可能になり，送信のために複数のバッファがスケジュールされた場合，msCAN08は3個のPRIOを優先順位付けのために使用します．アプリケーションはメッセージを設定するとき，このフィールドをセットします．このPRIOは特定のメッセージの優先順位を表します．PRIOの数値が小さいほど高い優先順位を表します．msCAN08が，バスのアービトレーションを行うたびに内部スケジュール処理が実行され，送信エラー発生後にも実行されます．アプリケーションに，より高い優先順位のメッセージがスケジュールされると，三つの送信バッファの一つに格納されている低い優先順位のメッセージをア

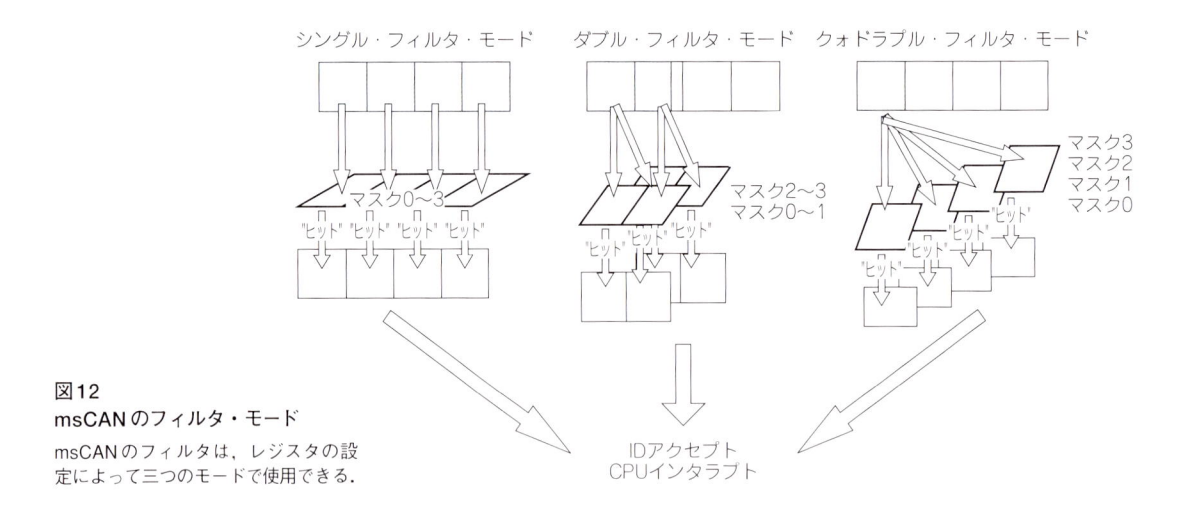

図12
msCANのフィルタ・モード
msCANのフィルタは，レジスタの設定によって三つのモードで使用できる．

ボートする必要が生じます．すでに送信を開始したメッセージはアボートできないので，ユーザは送信制御レジスタ（CTCR）内の対応するアボート要求フラグ（ABTRQ）をセットして，アボートを要求する必要があります．

可能であれば，msCAN08は対応するアボート要求アクノリッジ（ABTAK）をセットして要求を許可し，TXEフラグをセットしてバッファを解放して送信割り込みを発生させます．送信割り込みハンドラは，ABTAKフラグの設定（ABTAK = 0）からメッセージが実際にアボートされていることを確認することができます．

● **IDフィルタには三つのモードがある**

次にIDフィルタについて説明します．プログラマブルなIDアクセプタンス・フィルタは，CPUの割り込み負荷を軽減します．このフィルタは，レジスタの設定によって三つのモードで使用できます（図12）．

1) **シングル32ビットIDアクセプタンス・フィルタ**
このモードは，CAN 2.0 Bに準拠した拡張IDの全29ビットに適用できます．

2) **ダブル16ビットIDアクセプタンス・フィルタ**
CAN 2.0B Bに準拠し，拡張IDの上位14ビットに適用できます．また，標準ID11ビット，CAN 2.0 AのRTRビットに適用できます．

3) **クォドラプル8ビット・アクセプタンス・フィルタ**
IDの先頭8ビットに適用できます．

IDアクセプタンス・レジスタ（CIAR）は，標準IDや拡張IDのアクセプタンス・パターンを定めます．IDマスク・レジスタ（CIMR）でCIARに対応するビットをマスクすることが可能です（CIMR内にセットされたビットは，CIAR内のビットをマスクしたことになり，メッセージIDと比較なしにアクセプトが決

第4章　CANシステムはこう設計する

表2　msCANがサポートする割り込みベクタ

割り込みベクタ	内　容
送信割り込み	3個のうち少なくとも一つの送信バッファがエンプティ（スケジュールされていない）であり，送信用メッセージをスケジュールするためにロードできるとき，空きメッセージ・バッファのTXEがセットされる
受信割り込み	メッセージが正常に受信されてフォアグラウンド受信バッファ（RxFG）にロードされ，EOF（end of frame）が受信されるとすぐに発生する．RXFフラグがセットされる
ウェイクアップ割り込み	msCAN08の内部スリープ・モード中のCANバスがアクティブになったときに発生する
エラー割り込み	● オーバラン：オーバラン状態が発生したとき ● 受信器警告：受信エラー・カウンタがCPU警告既定値の96に達したとき ● 送信器警告：送信エラー・カウンタがCPU警告既定値の96に達したとき ● 受信器エラー・パッシブ：受信エラー・カウンタがエラー・パッシブ規定値の127を超過し，msCAN08がエラー・パッシブ状態になったとき ● 送信器エラー・パッシブ：送信エラー・カウンタがエラー・パッシブ規定値の127を超過し，msCAN08がエラー・パッシブ状態になったとき ● バス・オフ：送信エラー・カウンタが255を超過し，msCAN08のバスがオフ状態になったとき

められる）．

　フィルタの一致については，RXFフラグとIDアクセプタンス・コントロール・レジスタ（CIDAC）のID一致フラグ（IDHIT1～IDHIT0）の2ビットをセットすることにより，アプリケーションに知らせます．

● 割り込みについて

　msCAN08は，11種類の割り込み原因に対して，4個の割り込みベクタをサポートしています（表2）．これらはいずれも個別にマスクすることができます．

　割り込みは，msCAN08の受信フラグ・レジスタ（CRFLG），または送信制御レジスタ（CTCR）内にある1個または複数のステータス・フラグに直接対応します．割り込みは，対応するフラグの1個がセットされている間は待ち状態になります．レジスタ内のフラグは割り込みと同期をとるため，割り込みハンドラ内でリセットする必要があります．対応するビットの位置に'1'を書き込むと，フラグはリセットされます．それぞれの状態が続いている場合，フラグはリセットできません注2．

注2：割り込みフラグをクリアするときは，ビット操作命令（BEST）を使用することはできない．

第5章

LINプロトコルを理解する

―― 「安全性」と「快適性」を低コストで実現する
　　一つの解決策

　自動車および車載システムの開発でもっとも重要な課題は「安全性」である．最近では，事故を回避したり，予知するアクティブ・セーフティといった機能も装備され始めた．また安全性以外にも，環境問題への対策や快適性を実現するためにさまざまな機能が搭載されている．こうした搭載機能の多様化によって，使用されるワイヤの増加という問題が表面化している．ここでは，自動車への市場要求の現状と，その要求を低コストで実現するための車載ネットワーク技術「LIN (local interconnect network)」について述べる．
　　（編集部）

　自動車の普及率が増加していく中，自動車を取り巻く市場の要求としては，以下に挙げるものが考えられます(図1)．
- クリーン環境：CO_2や排気削減，環境規制への対応技術
- 快適走行：運転支援，渋滞回避
- 予防安全：事故件数減少，安全走行技術

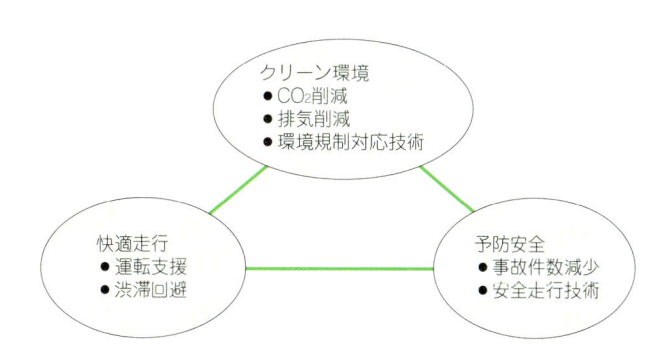

図1
自動車を取り巻く市場の要求
国内における自動車の普及率の増加によって，現在，安全性の向上や環境負荷の削減などが大きな課題となっている．

クリーン環境
- CO_2削減
- 排気削減
- 環境規制対応技術

快適走行
- 運転支援
- 渋滞回避

予防安全
- 事故件数減少
- 安全走行技術

一方，自動車業界には次のような課題があります．
- 新しいシステムや機能が増加している
- プラットホーム化（アーキテクチャやモジュールの共通化）を進めているが，車種は増えている
- より精密な制御や，重量の軽減が求められている

① 「事故を起こさず，快適に」が大きな課題

　市場の要求を反映しつつ，上記の課題を解決するためには三つの方法が考えられます．
1) システムを実現するためのソフトウェアを高速に実行できる半導体技術・製品の展開
2) 拡張性があり，構築しやすく，低コストのシステムを実現するオープンなインターフェース
3) 機械的制御や油圧制御など，メカの電気制御を実現するメカトロニクス技術の展開

　こうした中で注目されている技術が"X-by-wire"です．X-by-wireでは，従来の機械的な機構による制御ではなく，電子的（モータ）制御によって精度を向上させます．

　X-by-wire技術の応用としては制御シャーシ系のアプリケーションが先行していますが，より広義に解釈するとパワートレイン（動力伝達）系やボディ（車体）系にも及びます．例えば，パワートレイン系ではすでに実現されている「スロットル・バイ・ワイヤ（アクセル・バイ・ワイヤとも言う）」があります．これは，電気信号に変換したアクセル・ペダルの踏み込み量をエンジンECU（電子制御ユニット）で計算し，エンジンのスロットル・バルブの開閉量を制御して自動車のスピードを調節するというものです．

● 自動車メーカは「事故を回避するシステム」に注力

　話は変わりますが，現在の自動車業界の大きなトレンドは自動車の安全に関係した電子制御システムです．それはなぜかと言うと，自動車事故の問題があるからです．
　自動車事故に直接関係したシステムはセーフティ・システムと呼ばれています．これには，
- パッシブ・セーフティ（受動安全）
- アクティブ・セーフティ（能動安全）

という，二つの大きな流れがあります．
　パッシブ・セーフティの代表的な例は，みなさんがよくご存じの「エア・バッグ・システム」です．導入された当初，エア・バッグ・システムはフロントだけに付いていましたが，最近はサイドにも装備され始めています．これに伴って，衝突を検出するために搭載されるセンサの数が増加しています．このため，ワイヤの問題が表面化し，セーフティ・システムでもby-wire化が進んでいます．
　アクティブ・セーフティとしては，最近，「プリクラッシュ・セーフティ・システム」が導入され始めています．一般的な例としては，ミリ波レーダを使用して前方の障害物を検知し，その情報をもとにシートベルトのゆるみを巻き取ったり，ブレーキ・システムを作動させて，衝突時の被害を軽減するシステムが

第5章　LINプロトコルを理解する

写真1　プリクラッシュ・セーフティ・システムの例

トヨタ自動車の「セルシオ（写真はC仕様．メーカ・オプションとして搭載）」など，プリクラッシュ・セーフティ・システムを搭載した自動車はすでに市販されている．セルシオの場合，（b）のようにフロント・グリルの裏に設置したミリ波レーダによって物体を認識する．前走行車への追突や路上の障害物との衝突の危険性が高いと判断すると，ドライバに通知したり，ブレーキをかけたり，シートベルトを巻き取ることで，乗員の衝突被害を軽減する．

（a）トヨタ自動車のセルシオ（オプション装着車）　　（b）ミリ波レーダ部

写真2　キーワードは「コンフォート」

快適性を全面に出す自動車も増えてきた．例えば，2003年10月にフル・モデル・チェンジした本田技研工業の「オデッセイ（写真はLタイプ）」ではメーカ・オプションとして，「コンフォート・パッケージ」を提供している．1列目の左右と後部座席のそれぞれについて温度調整できたり，周囲の明るさを検知してライトの点灯/消灯を自動で行うなどの機能がある．また，運転席は前後/高さ/リクライニングを電動で調節できる．

（a）インパネ　　（b）1列目の座席

搭載されています（写真1）．

　自動車事故の原因は運転者に負うところもあります．しかし，社会的な責任として，各自動車メーカはさまざまな機能を自動車に搭載することで，事故を回避することに注力しています．この努力には敬意を払わなければいけないと，筆者は思っています．

● いつでも，だれにとっても快適な自動車であるために

　次に，運転者や同乗者の「快適性」という面から考えた場合，どのような課題があるのでしょうか．快適性への要望は，運転者や同乗者の年齢，性別，体格など，さまざまな要素が関係します．また，自動車は世界中のあらゆる場所で使われます．さらに，四季を通じて1年中使用されます．千差万別の要望にこたえ，あらゆる状況において快適性を提供していくということが自動車メーカには要求されるのです．

　快適性を考えた場合，乗りごこちを左右するものはおもにシャーシ系のシステムです．しかし，最近で

は「コンフォート（comfort；快適性を重視したシートやタイヤなど）」というキーワードが各自動車メーカのカタログをにぎわせており（写真2），コンフォートについてはおもにボディ系のシステムがその役割を担うと思います．この代表例としては，HVAC（heating, ventilation, and air-conditioning；車室内空調）や，運転手にとってのベスト・ポジションを実現するシートの位置調整，ドア・ミラーやインナ・ミラー[注1]の角度調整などの適正化が挙げられます．

❷ 増え続ける機能に伴う諸問題とその解決策

このように，利用者の要望を実現するために自動車に搭載される機能は増えています．これに伴い，センサやアクチュエータ，およびこれらを駆動する半導体製品の使用数量が年々増加しています．

従来，こうした傾向はワイヤ・ハーネスの使用数量の増大を意味していました．なぜなら，自動車メーカが集中制御方式を採用していたからです．

ワイヤ・ハーネスの使用量が増えれば，当然，自動車の重量が増加します．この課題を回避するためにローエンド[注2]の独自のネットワーク・プロトコルを開発し，分散制御方式に転換する自動車メーカもありました．ただし，当初は車種が変わるとプロトコルも変わるという状況でした．

● 低コスト車載ネットワークを実現するための規格を策定

このような状況の中，欧州の自動車メーカは，将来，車載ネットワークにさまざまなプロトコルが存在することになり，その開発や保守などが問題になると懸念していました（図2）．各社が独自に開発しているローエンド・ネットワークを標準化できないかどうかを模索し始め，2000年3月に「LIN（local interconnect network）コンソーシアム」を正式に立ち上げました（図3，p.64のコラム「LINの歴史と背景」を参

図2
車載ネットワークを共通化しないと…
ワイヤ・ハーネスの使用量を抑えるために，自動車メーカは独自のネットワーク・プロトコルを開発した．しかし，車種が変わるたびにプロトコルを変更しなければならないケースも多々あり，開発や保守に問題が出てくる．これを解決するためには車載ネットワークの標準化が必要となる．

注1：インナ・ミラーは「バック・ミラー」とも呼ばれる．
注2：本章でいう「ローエンド」とは，SAE（Society of Automotive Engineers）の分類でClass A（最大通信速度10kbps）程度を指す．

第5章　LINプロトコルを理解する

照).LIN規格では，通信プロトコル，通信媒体，開発ツール間のインターフェース，ソフトウェア・プログラミングのためのインターフェースなどが定義されています(**図4**).

LINの大きな目的は，その仕様書の冒頭に書かれているように「低コストの自動車ネットワークのために考えられたシステム」を実現することです．もちろん，すでに存在している自動車用の多重ネットワークを単に置き換えるのではなく，それらを補完していくことを重視しています．また，さらなる品質の向上やコスト削減のために，LINは階層的な車載ネットワーク実現の可能性を持っています．

● CANのような高速性や多様性が求められない箇所に適用

LINは，分散型自動車アプリケーションにおける複数のノード(ECU)の制御に適したシリアル通信プロトコルです．当初，LIN規格の意図は，二つのノードにおいてAPI(application programming interface)から物理層まで互換性を持たせることでした．

LINは，CAN(controller area network)[注3]のような多様性と帯域幅を求めない部分で使用すれば，コスト効率の良いバス通信を提供してくれます．LINのトランシーバの仕様は，EMI(electromagnetic interference；電磁波障害)の発生についていくつかの点が改良されていますが，基本的にはISO9141[注4]規格に準拠しています．

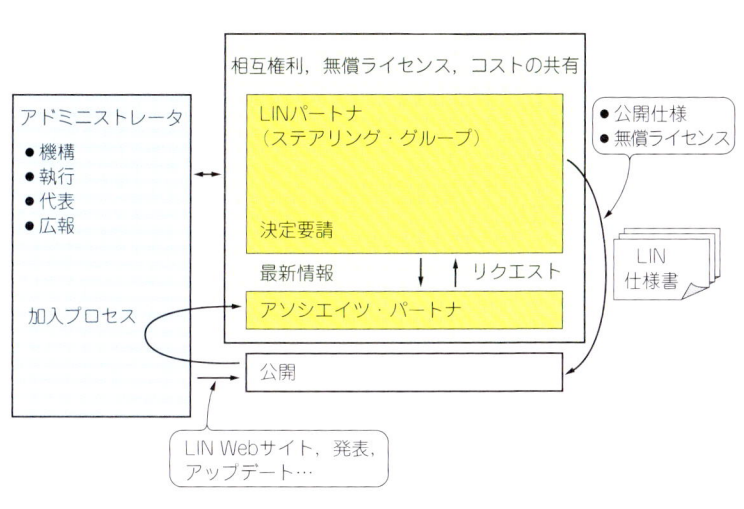

図3　LINコンソーシアム
発足当初，コア・メンバはドイツAudi社，ドイツBMW社，ドイツDaimlerChrysler社，米国Motorola社(現在，米国Freescale Semiconductor社)，スウェーデンVolcano Communications Technologies社(2005年5月に米国Mentor Graphics社が買収)，ドイツVolkswagen社，スウェーデンVolvo社の7社だった．その後，アソシエイツ・メンバとして自動車メーカや部品メーカ，半導体メーカが参加している．

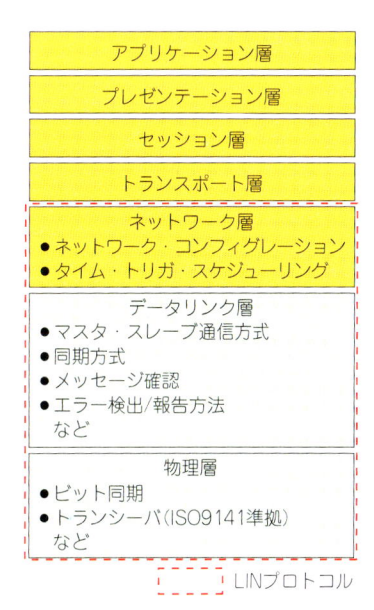

図4　LINプロトコル
LINのプロトコルはOSI基本参照モデルに従って階層化されている．物理層，データリンク層，ネットワーク層に対応する．

注3：CANはパワートレイン系やボディ系の車載ネットワークとして使用されている．通信速度は最大1Mbps．
注4：UARTを使った自動車の故障診断用プロトコル．

LINのおもな特徴を以下に示します．
- ネットワークの構成は単一マスタと複数スレーブ
- スレーブ・ノードは水晶発振子やセラミックス・リゾネータなしで同期（マスタからの通信データの中に基準クロックをのせている）

---

column　LINの歴史と背景

　LINバージョン1.0は1999年7月に公開されました．この仕様は，ある自動車メーカの数社が使用していた「Volcano Lite」というバス規格をベースにしていました．

　その後，LIN規格は2000年に2回アップデートされました（図A-1）．同年3月にLIN 1.1が，11月にLIN 1.2が公開されました．2002年12月にLINコンソーシアムはLIN 1.3規格を公開しましたが，このときの変更は物理層とノード間の互換性の改善が中心でした．

　さらに，2003年9月にはLIN 2.0が公開されました．LIN 2.0は既存のLIN仕様に徹底的に手を加えています．問題があった部分を明らかにして，必要なときに書き直されました．

　LIN 2.0では，明確になってきた最新動向，とくにオフ・ザ・シェルフ注A・スレーブ・ノードなどを反映するために仕様を修正しました．また，LIN 2.0では診断機能とノード機能言語について明記されました．SAE（Society of Automotive Engineers；自動車技術者協会）J2602のワーキング・グループからの意見と，LINコンソーシアムの3年の実績がこの改訂に大きく貢献しました．

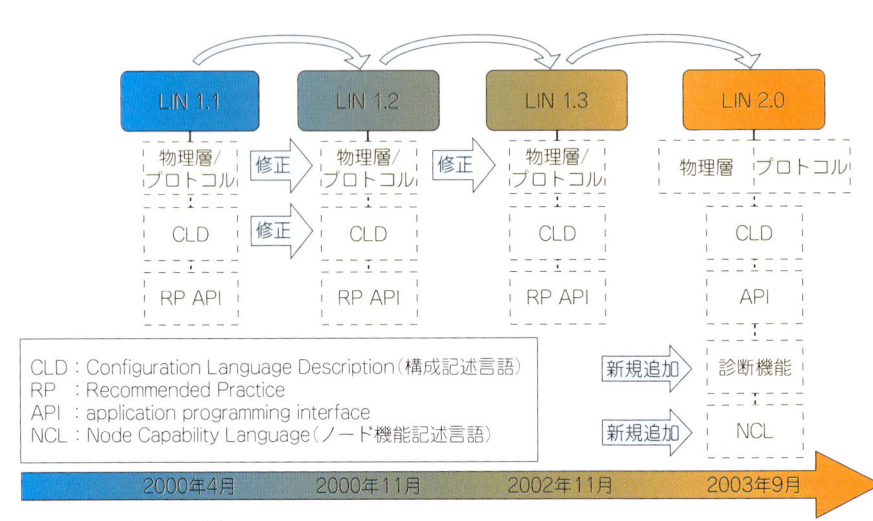

図A-1　LIN仕様の変遷
LINバージョン1.0は1999年7月に公開されてから数回のバージョンアップが行われた．2003年9月には診断機能が追加されたLIN 2.0がリリースされた．

CLD：Configuration Language Description（構成記述言語）
RP：Recommended Practice
API：application programming interface
NCL：Node Capability Language（ノード機能記述言語）

注A："off the shelf"は，ここでは「既製のシステム（ドア・ミラー，インナ・ミラーなど）」を意味する．つまり，LIN 2.0を採用したボディ系システムであれば，すべてプラグ・アンド・プレイ可能となることを目指している．

第5章　LINプロトコルを理解する

- 通信方式として，すでに普及しているUART/SCIインターフェースを利用
- あらかじめ信号の伝播時間を計算できる決定論的な信号伝送（タイム・トリガ）
- 単一ワイヤで動作
- 通信速度は最大20kbps
- フレームをベースとしたアプリケーション間の相互作用（ネットワークを介して，フレームの中にあるデータをアプリケーションからアプリケーションに送り，システムとして意味のある動作を行うこと）

❸ ボディ系アプリケーションに適している

　LINが採用されるのは，おもに次に挙げるようなボディ系のアプリケーションであると考えられます（図5）．これらは，機能としてはすでに実現されています．

- ミラー：電動ドア・ミラー，エレクトロ・クロミック(EC)[注5]反応を応用した防眩インナ・ミラー[注6]（写真3）
- ウィンドウ：挟み込み防止機能付き電動ウィンドウ・リフト
- ドア：ロックとスーパ・ロック（すべてのドアをドライバ席からロックする機能）
- サン・ルーフ：電動での開閉
- インテリジェント・ワイパ：レイン・センサと連動したワイパ（雨の量をセンサで検知し，それに応じてワイパの動きを調整する）

図5
代表的なLINアプリケーション
LINは，ドアやシート，ルーフなど，おもにボディ系のシステムに利用される．

ルーフ：
レイン・センサ，ライト・センサ，ライト制御，サンルーフなど

ステアリング・ホイール：
クルーズ・コントロール，ワイパ，ライト調整など

オプション：
空調制御，ラジオ，電話など

空調：
たくさんの小さなモータ，制御パネルなど

シート：
たくさんのシート位置調整モータ，乗員検知センサ（シートに着席しているかどうかを検出），制御パネル

ドア：
ミラー，中央ECU，ミラー・スイッチ，ウィンドウ・リフト，シート制御スイッチ，ドア・ロックなど

注5：エレクトロ・クロミックは，電圧をかけると光の反射率が変わる性質を持つ素子．
注6：ミラーに当たる光をセンサで検知し，その量に応じてエレクトロ・クロミックに電圧をかけてミラーの反射率を変える．これによって，運転手がまぶしくないように自動的に制御されるものを防眩ミラーという．

写真3
防眩インナ・ミラーの例
夜間，後続車のヘッド・ライトがまぶしく，運転しづらくなる場合がある．防眩インナー・ミラーは，ミラーの反射率を変えることで，運転者がまぶしくないように自動的に制御する機能を備えている．写真は，トヨタ自動車の「ランドクルーザーシグナス」に搭載されている防眩インナ・ミラー．

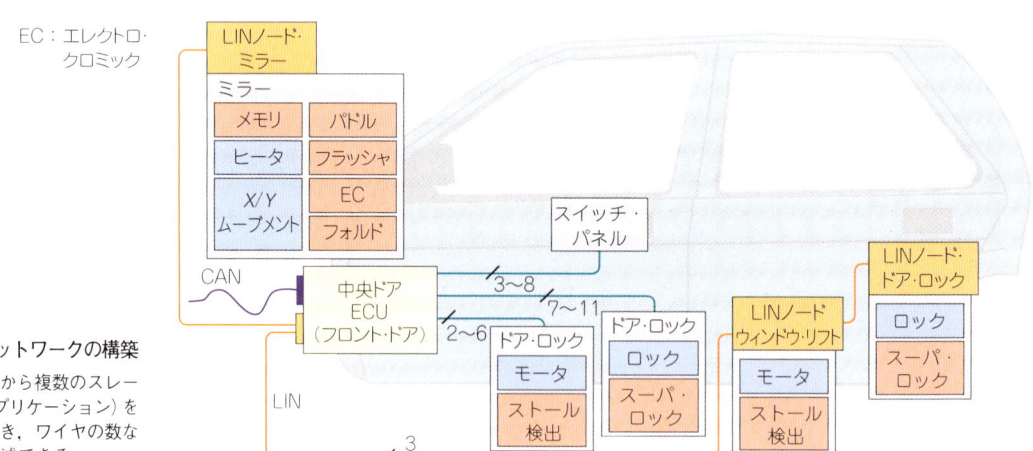

図6
LINネットワークの構築
マスタから複数のスレーブ（アプリケーション）を制御でき，ワイヤの数などを削減できる．

- パワー・シート：リモート・キーレス・エントリ（無線などを利用するかぎを用いないドアの開閉）と連動したメモリ・シート
- エア・コンディショナ：各種センサ，スイッチと連動したエアコン
- そのほか：ステアリング，ライト・システムなど

　LINを使用するメリットは，各アプリケーションをLINネットワークで接続することによって，ワイヤ・ハーネスの削減，コスト低減，より柔軟性/信頼性の高いシステムを構築できることです．
　図6の例で説明すると，キーレス・エントリによって運転手が自分のIDのキーを押すとドアのロックが解除されます．すると，シートやヘッド・レスト，ドア・ミラー，インナ・ミラー，アクセル・ペダル，ステアリングの位置などが，あらかじめメモリに記憶されているベスト・ポジションにセットされます．エアコンも外気温度，室内温度を計測して，すでにセットされている室内温度に調整されます．

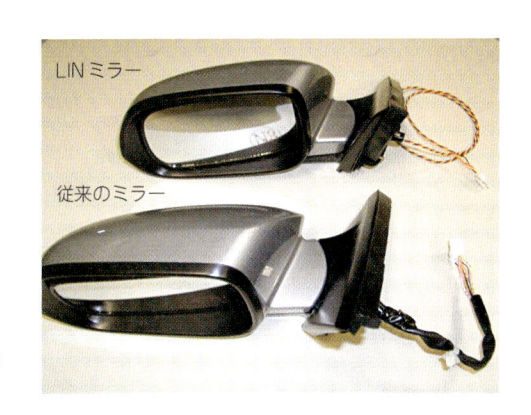

第5章　LINプロトコルを理解する

写真4
従来のミラーとLINミラー
LINの採用によってワイヤの本数が削減され，ミラーの小型化にも貢献している．

● ドア・ミラーにLINを採用する理由

　ここでは，LINのアプリケーションについてドア・ミラーを例にとって説明したいと思います．

　運転席から後方を確認する外部のミラーは，当初は規制もあって自動車の前方に付けるフェンダ・ミラーが主流でした．ドア・ミラーが解禁になってからは，自動車のデザイン面の理由からか，タクシーを除いてドア・ミラーが主流です．最近，欧州メーカの高級車を中心に，このドア・ミラーに以下のようなさまざまな機能が付加されています．

- モータによるミラーの X-Y 方向の調整と調整位置の記憶
- モータによるミラーの格納
- （くもり防止用の）ヒータ
- フラッシャ（方向指示器）の付加
- 防眩ミラー
- CCDカメラ

　ドア・ミラーの機能を制御しているECUは，ダッシュ・ボードの下に設置されています．各機能（ノード）とECUはワイヤで接続することになります．機能が増加した結果，ワイヤの本数が増加し，ドアとミラーをつなぐヒンジの穴にワイヤが通らないという問題が出てきています．これを解決できるのがLINです．

● LINスレーブ・ノードとモータは一体化する方向へ

　LINを採用したドア・ミラーを写真4に示します．また，このミラーを実現するための回路を図7に示します．ハードウェアの構成は，以下のとおりです．

- 8ビット・マイコン
- LINトランシーバ
- 電圧レギュレータ：マイクロコントローラへの5.0V供給，ホール・センサへの電圧供給
- モータ・ドライバ：X軸駆動用，Y軸駆動用，格納（フォルド）用

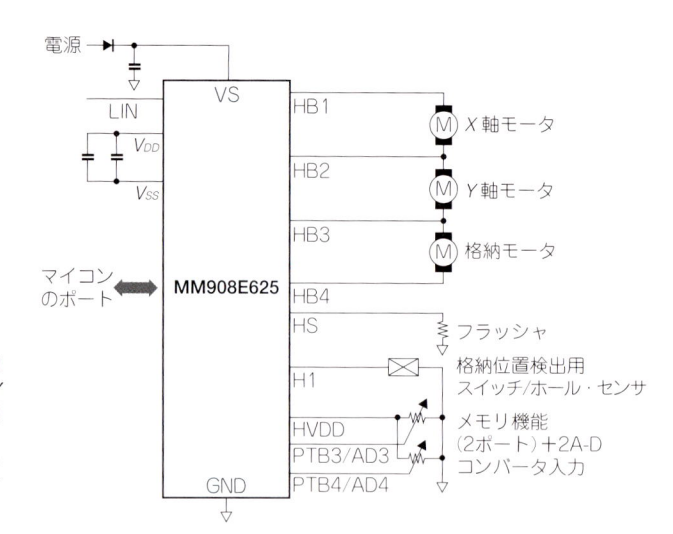

図7
ハードウェア構造の例
Freescale Semiconductor社の「MM908E625」を利用してX軸モータやY軸モータ，格納モータなどの機能を制御する例．本製品は，8ビット・マイコンやモータ・ドライバ，LINトランシーバなどを1パッケージに封止している．

- ハイサイド・スイッチ[注7]：方向指示器用
- ホール・センサ（モータの回転方向と回転数を検出）用入力ポート
- ウォッチドッグ・タイマ
- 各種保護回路：過電圧，過電流，過温度，短絡，ロード・ダンプ，ESD（electrostatic discharge；静電気放電）などの対策用

ここでたいせつなことは，LINのスレーブ機能がアクチュエータやセンサと一体化の方向へ進んでいるということです．

例えば，図7の米国Freescale Semiconductor社「MM908E625」は，8ビット・マイコンとそれ以外の前述の機能を1パッケージに封止しています．そして，外付け部品は電源用ダイオードとキャパシタだけです．写真5（a）のミラー・ノードはMM908E625の評価ボードですが，ご覧のようにサイズがかなり小さいため，モータとの一体化も可能です．この例として，写真6にHVAC向けのステッピング・モータ制御システムを示します．写真6（a）は，プリント基板にIC（図7のマイコンとは異なる）とそのほかの部品を搭載したスマート・モータです．写真6（b）は，写真6（a）の機能をすべて1チップに集積したものです．

一方，このミラーのスレーブ・ノードのソフトウェアでは，大きく分けて次の二つの機能を実現します．

- ミラー機能の実行
- LIN通信の実行

この場合，LINのプロトコル処理はソフトウェアで行います．そのおもな構成は，

- LINフレームの処理
- マスタから送信されるヘッダの解釈

注7：ハイサイド・スイッチとは，ランプをつけるときの回路の中でランプの電源側に位置するスイッチのことである．ランプよりグラウンド側に位置するスイッチは「ローサイド・スイッチ」と言う．

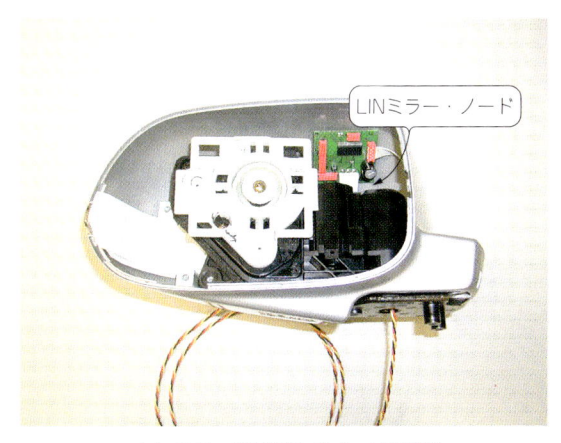

第5章 LINプロトコルを理解する

（a）ミラーの内部にLINノードを設置 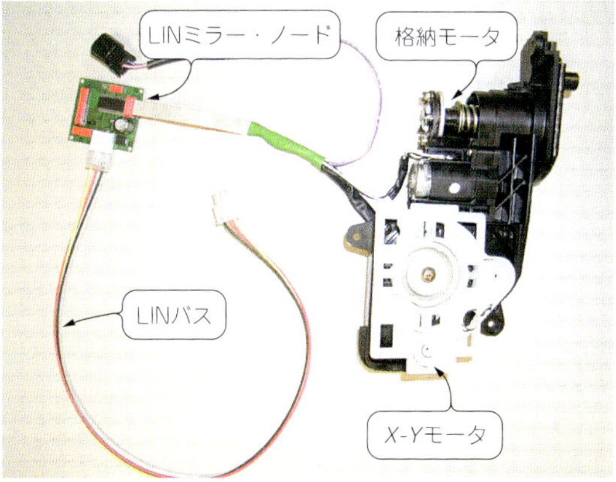　　　　　　　　　　（b）LINミラーの内部構造

写真5　ドア・ミラーの内部にLINノードを設置する

（a）プリント基板をモータに組み込む 　　　　　　　　　　（b）機能のすべてを1チップ化して組み込む

写真6　LINノードの方向性
LINスレーブ・ノードは，センサやアクチュエータ，モータと一体化する傾向にある．ここでは，その例としてステッピング・モータ制御システムを示す．（a）はプリント基板にIC（図7のマイコンとは異なる）とそのほかの部品を搭載した場合であり，（b）は（a）の機能をすべて1チップに集積した場合．

- レスポンスの受信と送信
- LIN通信のエラー処理

などです．

　通信プロトコルを簡単に述べると，まずマスタ・ノードが送信したヘッダは，LINバス，トランシーバを介してマイコンのRx（受信）端子に入力されます．そのあとは"Sync Break"という信号が，これからLINのフレームが入ってくることをマイコンに知らせます．次に来る同期信号で同期がとられ，エラーが

69

なければUART/SCIに入力されてポーリングか割り込みで通知します．同期の次は識別子（ID）を読み込み，それを解釈してデータを受信するのか，あるいは送信するのかを決めます．

　例えば，フォールド（格納）のスイッチが押されていることをマスタが検知し，このスイッチがミラーを折り畳む動作を要求していると判断したら，そのIDを含んだヘッダを送信します．スレーブはそれを受けて格納モータを起動させてミラーを格納します．次に，マスタは格納が終了したかどうかを確認するために，ヘッダを送信してスレーブにレスポンスを要求します．終了していればスレーブはそのデータを送ります．マスタはそのデータを受信して通信を終了します．

　マスタ側のソフトウェアは，LINクラスタのスケジュール管理やネットワーク管理，またLIN 2.0では診断などが入ってくるので，さらに複雑になります．

❹ LINプロトコル――マスタ・スレーブでタイム・トリガな通信

　それでは，LINのプロトコル仕様について詳しく説明していきましょう．

　2005年10月現在，もっとも新しいプロトコル仕様のバージョンはLIN 2.0であり，2003年9月に正式公開されました．LIN 2.0は，従来バージョンのLIN 1.3に対して，信頼性を向上させたり，LIN対応機器のプラグ・アンド・プレイを可能にするような機能が追加されています．ここでは，LINの基本的な概要を理解していただくため，LIN 1.3プロトコルをベースに話を進めます．

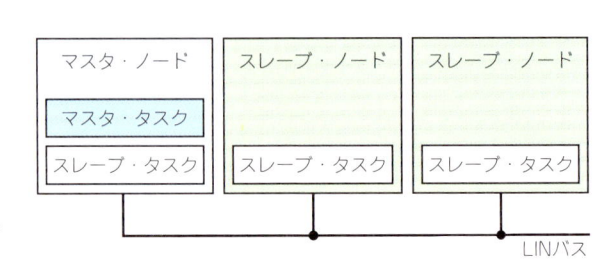

● LINを構成するノード，マスタとスレーブ

　まず，マスタとスレーブの概念を説明します（図8）．LINクラスタは，一つのマスタ・タスクといくつかのスレーブ・タスクで構成されています．マスタ・タスクはいつ，どのようにフレーム（詳細は後述）をバスに転送するべきかを決めます．スレーブ・タスクはそれぞれのフレームごとに転送するデータを準備します．マスタ・ノードはマスタ・タスクとスレーブ・タスクを，スレーブ・ノードはスレーブ・タスクのみを含んでいます．つまり，マスタ・ノードの指示がないかぎり，スレーブ・ノードは機能しません．

　なお，LINプロトコルではとくにネットワーク・トポロジについて規定していませんが，基本的には図8のようなバス型トポロジをとります．図8では一つのマスタ・ノードと二つのスレーブ・ノードによって

図8
マスタとスレーブ
LINクラスタは，一つのマスタ・タスクといくつかのスレーブ・タスクで構成されている．

LINクラスタが構成されていますが，スレーブ・ノードは最大15個接続することができます．つまり，クラスタとして最大16ノードを超えてはならないと規定されています．

● 通信プロトコルに必要なスケジュール・テーブル

LINプロトコルの重要な特徴はスケジュール・テーブルを使用することです．スケジュール・テーブルによって，バスが決して過負荷にならないことを保証します．また，信号（データ）の周期性を保障するためのキー・コンポーネントでもあります（詳細は後述）．

マスタ・タスクによってLINクラスタのすべての転送が開始されると，スケジュール・テーブルに従った時間的な（決定論的な）動作が実行可能になります．マスタの信頼性を確実にするためには，オペレーション・モードに関連のあるすべてのフレームを転送するために十分な時間が与えられている必要があります．

スロットの割り当てによって，スケジュール・テーブルを厳守するすべての必要条件を定義します．必要条件は，衝突がなく（コンフリクト・フリー），効率良く簡便にLINプロトコルを実行できるように決められました（なお，イベント・トリガ・フレーム，または次の章で述べるスポラディック・フレームに関連した無条件フレームでは，同じスケジュール・テーブルに割り当てられない可能性がある）．

⑤ LIN通信におけるフレーム構成

LINバス上を移動する信号の基本単位はフレームです．ここでは，LINのフレームについてきちんと押さえておきましょう．

● マスタからの「ヘッダ」とスレーブからの「レスポンス」

LINのフレームは，マスタ・タスクから出力されるヘッダと，スレーブ・タスクから出力されるレスポンスで構成されています．

ヘッダは，ブレーク（Sync Breakフィールド）と同期バイト（Syncフィールド），それに続く識別子（Identフィールド）で構成されています．識別子はフレームの目的を定義するものです．

一方，レスポンスは，データ（Dataフィールド）とチェックサム[注8]（Checksumフィールド）で構成されています．マスタ・タスクから送信された識別子に関連したスレーブ・タスクはレスポンスを受信し，チェックサムを検証してデータ転送に使用します．

このようなフレームを用いることの利点は，次のとおりです．

●システムの柔軟性：新しいノードをLINクラスタに追加するとき，そのほかのスレーブ・ノードのハー

注8：データ伝送におけるエラー検出の一つ．あらかじめ送信するデータの合計値を計算しておき，この値をデータとともに送信する．受信側では受け取ったデータの合計値を計算し，送られてきた合計値と比較する．合致していなければ，エラーありということになる．なお，LIN 1.3ではデータについてのみチェックサムをとっていたが，LIN 2.0はIDフィールドについてもチェックサムをとる．

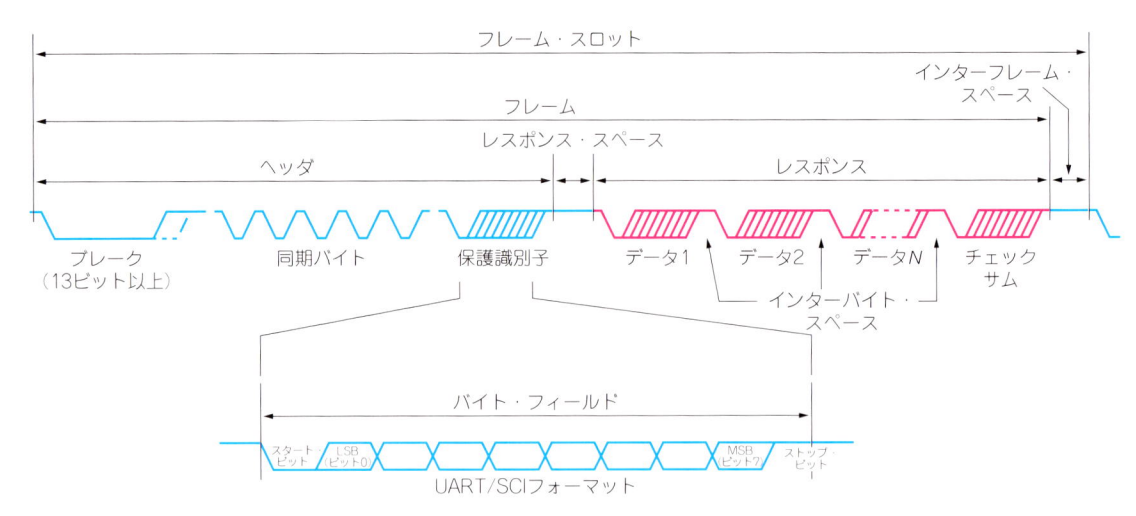

図9 LINフレームの構造
ヘッダは，ブレーク（Sync Breakフィールド）と同期バイト（Syncフィールド），識別子（Identフィールド）で構成されている．一方，レスポンスはデータ（Dataフィールド）とチェックサム（Checksumフィールド）からなる．

ドウェアやソフトウェアを変更する必要がない．
● メッセージ・ルーティング：メッセージの内容は識別子によって定義される（CANのように送信内容ごとにフレームが用意されていないので，識別子に意味を持たせて代替）．
● マルチキャスト：すべてのノードは同時に受信し，一つのフレームをベースに動作する．

また，マスタ・タスクはスケジュール・テーブルをベースとしたフレーム・ヘッダを送信します．スケジュール・テーブルとは，フレームの開始，次のフレームの開始までの間隔，およびそれぞれのヘッダ識別子の条件を指定するものです．

● **フレームの構造——フィールドを理解する**

図9に示すように，前述のヘッダとレスポンスは，13ビット以上のブレークに続く，4～11バイトからなる各フィールドで構築されています．それぞれのフィールドは，連続したバイト（バイト・フィールド）として送信されます．データのLSB（least significant bit）が最初に送信され，MSB（most significant bit）が最後に送られます．スタート・ビットは'0'（ドミナント）として，またストップ・ビットは'1'（リセッシブ）として符号化されています．

各フィールドについて，以下に示します．

1）ブレーク

ブレークは新しいフレームの開始信号として使用されます．このフィールドだけは上記のバイト・フィールドと構成が異なります．ブレークは，つねにマスタ・タスク（マスタ・ノード）によって生成され，図10（a）のようにスタート・ビットと，あとに続くブレーク境界（ブレーク信号の終わりを示す）を含んで少なくとも

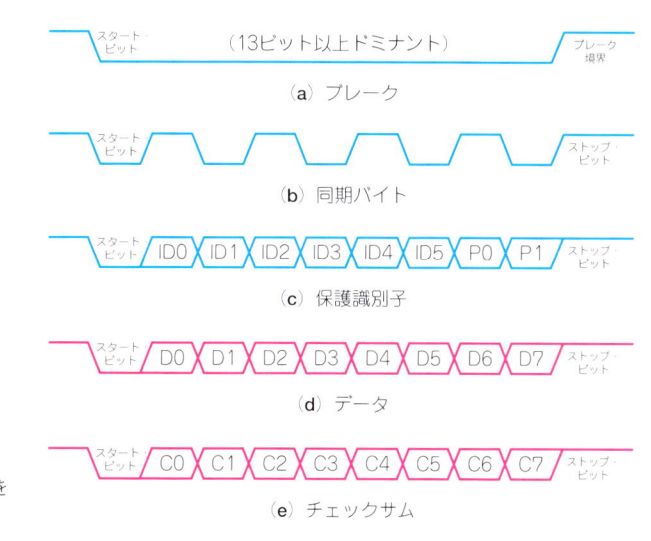

図10
フレームの構造
各フィールドにおける，フレーム構造を示す．

(a) ブレーク（スタート・ビット／13ビット以上ドミナント／ブレーク境界）
(b) 同期バイト（スタート・ビット／…／ストップ・ビット）
(c) 保護識別子（スタート・ビット／ID0／ID1／ID2／ID3／ID4／ID5／P0／P1／ストップ・ビット）
(d) データ（スタート・ビット／D0／D1／D2／D3／D4／D5／D6／D7／ストップ・ビット）
(e) チェックサム（スタート・ビット／C0／C1／C2／C3／C4／C5／C6／C7／ストップ・ビット）

13ビットのドミナント値（つまり '0'）が連続することが規定されています．また，ブレーク境界には少なくとも1公称ビット時間[注9]の長さが必要です．スレーブ・ノードでは，ブレーク検出のしきい値として11公称ビット時間を使うことになっています．

2) 同期バイト

図10(b)に示すように，同期は0x55（16進数）のデータ値を有するバイト・フィールドです．

スレーブ・タスクは，たとえブレーク信号がバイト・フィールドにあったとしても，つねにブレークや同期を検出できなくてはなりません．もし検出できない場合は，ブレーク/同期シンボル配列の検出が転送の進行中であったとしてもアボートされ，新しいフレームの処理が開始されます．

3) 保護識別子

保護識別子は，識別子と識別子パリティの二つのサブフィールドで構成されています（図10(c)）．ビット0～5は識別子，ビット6，7はパリティです．ビット0～5が識別子として予約されており，0～63の値の範囲で使用できます．識別子は次の四つのカテゴリに分けられます．

- 0～59の値：信号（データ）を運ぶフレームに使用
- 60，61：診断データを運ぶために使用（LIN 2.0のみ）
- 62：ユーザ定義の拡張用として予約
- 63：将来のプロトコル機能向上のために予約

識別子パリティは，識別子を用いて式(1)と式(2)によって計算されます．

注9：公称ビット時間は「1÷（通信速度）」で求められる．例えば，LINの通信速度が10kbpsの場合の公称ビット時間は1/10kbps＝0.1msとなる．

$$P0 = ID0 \oplus ID1 \oplus ID2 \oplus ID4 \cdots\cdots\cdots\cdots\cdots\cdots\cdots\cdots\cdots\cdots\cdots\cdots\cdots\cdots\cdots\cdots\cdots\cdots\cdots\cdots\cdots (1)$$

$$P1 = - (ID1 \oplus ID3 \oplus ID4 \oplus ID5) \cdots\cdots\cdots\cdots\cdots\cdots\cdots\cdots\cdots\cdots\cdots\cdots\cdots\cdots\cdots\cdots\cdots (2)$$

4）データ

　信号（データ）は，フレームのデータ・フィールドに格納されたスカラ値またはバイト配列です（下掲のコラム「信号について」を参照）．データは，同じ識別子を伴うすべてのフレームのデータ・フィールドの同じ位置につねに存在します．

　フレームは，1～8バイト間のデータを伝えます（**図10（d）**）．このデータは，データ・フィールドから発信されます．特定の識別子のフレームのデータが含まれているバイト数は，発行者（マスタ・ノード）とすべての加入者（スレーブ・ノード）によって合意されているものとします．

5）チェックサム

　フレームの最後のフィールドはチェックサムであり，バイト・フィールドで送信されます（**図10（e）**）．チェックサムは，すべてのデータをキャリ・オーバ（8ビットの場合，255を超えた数）して反転された8ビットを含んでいます．

　データだけのチェックサム計算は標準チェックサム（classic checksum）と呼ばれ，LIN 1.3のスレーブ・ノードの通信に使用されます．識別子60（0x3c）～63（0x3f）は，つねに標準チェックサムで使用されます．

● column　　　信号について

　信号（データ）は，フレームのデータ・フィールドで転送されます．いくつかの信号はお互いにオーバラップしないかぎり，一つのフレームに詰め込まれます．信号ごとにかならず一つの発行者（publisher．ヘッダを送信するノード）を持っています．これは，クラスタ内にあるいつも同じマスタ・ノードによって書き込まれるということです．

● 信号のタイプ

　LIN 2.0の信号は，スカラ値かバイト配列のどちらかです．スカラ・データは1～16ビット長です．1ビットのスカラ・データは「ブーリアン・シグナル」と呼ばれます．2～16ビットのスカラ・データは「アンサイン（符号なし）整数」として扱われます．一方，バイト配列は1～8バイトの配列です．バイト配列の解釈はLIN仕様の範囲外です．とくに，バイト配列より大きいエンティティを表すとき，バイト・エンディアンを適用します．

● 信号パック

　信号は，最初にLSB（least significant bit）が送られ，最後にMSB（most significant bit）が送られます．フレーム内のスカラ信号パックのためだけに追加されたルールでは，その最大1バイトの境界がスカラ信号によって交差するかもしれません．バイト配列のそれぞれのバイトは，もっとも低い番号を付与されたデータ・バイトから始まるシングル・フレーム・バイトに位置づけされるものとします（信号パック/アンパック注Bについては，もし信号がバイト配列されるか，あるいはバイト境界を交差しなければ，ソフトウェア・ベースのノードをより効率良く実行できる）．

注B：スカラ値またはバイト配列の信号をデータ・フィールドに入れることを「パック」，データ・フィールドから取り出すことを「アンパック」という．

この標準チェックサムは，マスタ・ノードで管理されており，スレーブ・ノードの通信はチェックサムで決定します．

6) フレーム・スロット

　予約されたそれぞれのフレームはバスのスロットに割り当てられます．フレーム・スロットの継続時間は，ワースト・ケースにおいてもフレームを通過させるのに十分な長さが必要となります．

　フレームを送信するためには，それぞれのフィールド・バイトにレスポンス・スペースとインターバイト・スペースを加えた時間が必要です(図9を参照)．インターバイト・スペースは前のバイトのストップ・ビットの終わりと次のバイトのスタート・ビットの間の期間です．両方とも負であってはなりません．また，インターフレーム・スペースは，フレームの終わりと次のフレームの始めの間の時間であり，これも負であってはなりません．

　フレーム送信のための公称値は，正確に送られるビットの数量と一致します．ここで，LIN物理層で定義されている1ビットを送信するために求められる公称時間をT_{Bit}とすると，フレーム送信に必要な時間は次式で求められます．

$$
\left.
\begin{array}{l}
T_{Header\_N}(公称ヘッダ長) = 34 \times T_{Bit} \\
T_{Response\_N}(公称レスポンス長) = 10 \times (N_{Data} + 1) + T_{Bit} \\
T_{Frame\_N}(公称フレーム長) = T_{Header\_N} + T_{Response\_N}
\end{array}
\right\} \cdots\cdots\cdots (3)
$$

　また，インターバイト・スペースの最大時間は，公称送信時間と比べて40％の付加となります．この付加時間は，ヘッダとレスポンスのそれぞれに加わります．したがって，

$$
\left.
\begin{array}{l}
T_{Header\_Max}(最大ヘッダ長) = 1.4 \times T_{Header\_N} \\
T_{Response\_Max}(最大レスポンス長) = 1.4 \times T_{Response\_N} \\
T_{Frame\_Max}(最大フレーム長) = T_{Header\_Max} + T_{Response\_Max}
\end{array}
\right\} \cdots\cdots\cdots (4)
$$

となり，それぞれのフレーム・スロットはT_{Frame_Max}と同等かそれより長い時間を必要とすることになります．ただし，すべての加入者ノード(この場合，すべてのスレーブ・ノード)はゼロ・オーバヘッド・フレーム(LINフレーム)を受信できるようにします．言い換えれば，ゼロ・オーバヘッド・フレームはT_{Frame_N}の長さとなります．

● フレーム・タイプを決める

　フレーム・タイプは，フレームの送信を有効にするべき前提条件を参照します．いくつかのフレーム・タイプは特定の目的のためだけに使用されます．ここで，ノードまたはクラスタについては，以下に述べるフレーム・タイプのすべてに対応する必要はありません．フレームで使用しない，あるいは定義されないビットは，電圧レベルをすべてリセッシブとします．

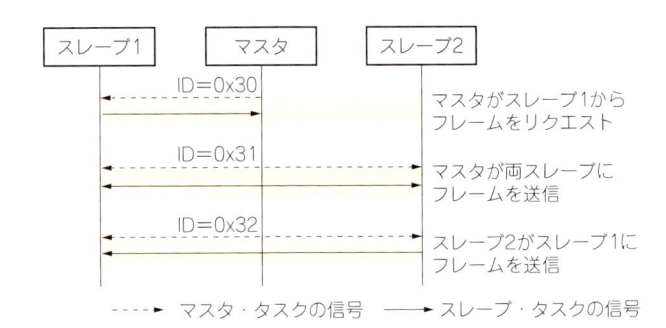

```
             スレーブ1    マスタ    スレーブ2
                  │  ID=0x30  │         │     マスタがスレーブ1から
                  │<--------->│         │     フレームをリクエスト
                  │           │         │
                  │  ID=0x31  │         │     マスタが両スレーブに
                  │<----------┼-------->│     フレームを送信
                  │           │         │
                  │  ID=0x32  │         │     スレーブ2がスレーブ1に
                  │<----------┼---------│     フレームを送信
```

図11
無条件フレームのシーケンス
三つの無条件フレームの転送を示す．転送は，つねにマスタによって開始される．

`----▶ マスタ・タスクの信号`　　`───▶ スレーブ・タスクの信号`

1）無条件フレーム

　無条件フレームはつねに信号（データ）を送信します．無条件フレームの識別子は0～59（0x3b）の範囲です．

　無条件フレームのヘッダは，このフレームへ割り当てられたフレーム・スロットがマスタ・タスクによって処理されたとき，かならず送信されます．無条件フレームの発行者（publisher．ここではスレーブ・タスク）は，ヘッダへのレスポンスをつねに準備します．また，無条件フレームのすべての加入者（subscriber．ここではスレーブ・ノード）はフレームを受信するものとします（**図11**）．そして，そのフレームをアプリケーションが使えるようにします（当然エラーがないことを検出する）．

2）イベント・トリガ・フレーム

　イベント・トリガ・フレームの目的は，LINクラスタの信頼性を高めることにあります．これは，ほとんど発生しない複数スレーブ・ノードへのポーリングに対して，多くのバス帯域幅を割り当てないことで実現します．

　イベント・トリガ・フレームは，一つまたはそれ以上の無条件フレームのデータ・フィールドを送信します．イベント・トリガ・フレームの識別子は0～59（0x3b）です．

　送られた無条件フレームの最初のデータ・バイトは，その保護識別子に等しいものとします．これは最大7バイトの信号（データ）が送信されることを意味しています．

　もし複数の無条件フレームが一つのイベント・トリガ・フレームに結合しているならば，通常，それらはすべて等しい長さになり，同じチェックサム・モデルを使用できます．さらに，イベント・トリガ・フレームと無条件フレームは，すべて異なるスレーブ・タスクによって発行されるものとします．

　イベント・トリガ・フレームのヘッダは，通常，イベント・トリガ・フレームに割り当てられたフレーム・スロットが処理されるときに送信されます．かりに，そのフレームがアップデートされたことによって信号の一つが送信された場合，結合した無条件フレームの発行者はヘッダへのレスポンスを準備します．ヘッダへのスレーブ・タスクのレスポンスがなければ，フレーム・スロットの残りの部分は沈黙し，ヘッダは無視されます．

　同じフレームにおいて一つ以上のスレーブ・タスクがヘッダにレスポンスすると，衝突が起こります

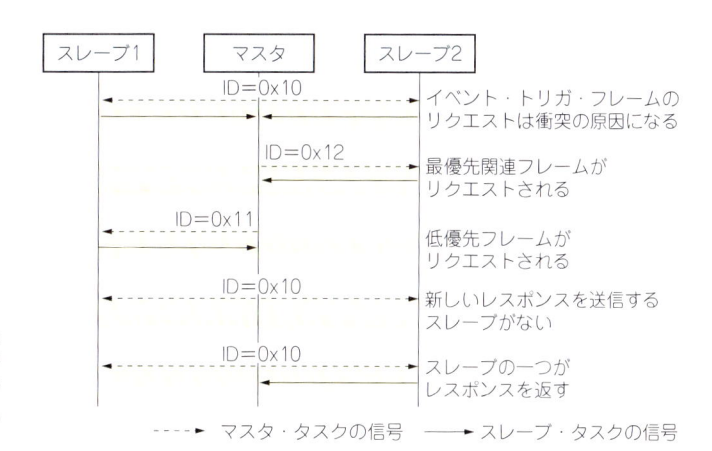

第5章　LINプロトコルを理解する

図12
イベント・トリガ・フレームのシーケンス

IDx10は，無条件フレーム0x11と0x12に関連したイベント・トリガ・フレームである．図の五つのフレーム・スロットの間は，スケジュール表で定義される．また，スケジュール表で定義されていれば，そのほかのフレームも転送可能．

（図12）．マスタは，イベント・トリガ・フレームを再要求される前にすべての関連した無条件フレームの衝突を解決しなければなりません．

　衝突しているスレーブ・ノードの一つが不正な転送なしに再送を取り消しても，マスタはこれ（再送の取り消し）を検出しません．このため，スレーブは成功するまでそのレスポンスを送信し続けなければなりませんし，その途中でレスポンスが失われる可能性も出てきます．

　無条件フレームの場合と同じように，イベント・トリガ・フレームのすべての加入者はフレームを受信し，アプリケーションでそのデータを使用します（ただし，チェックサムが有効であるときに限る）．

　イベント・トリガ・フレームの代表的な使用例は，4ドア・セントラル・ロック・システムにおけるドア・ノブの監視です．4ドア・システムのすべてのドアをポーリングする場合，イベント・トリガ・フレームを使用すれば良好なレスポンス時間が得られ，かつ，バス負荷を最小にします．複数の乗員がそれぞれのノブを押すというケースでは，システムは「ノブを押す」という要求のすべてを失うことはありませんが，レスポンスには多少の時間がかかります．

3）ユーザ定義フレーム

　ユーザ定義フレームはどのような種類の情報も送信します．識別子は62（0x3e）です．ユーザ定義フレームのヘッダは，マスタ・タスクがフレーム・スロットにフレームの割り当てを処理したとき，つねに送信されます．

4）予約フレーム

　予約フレームはLIN 2.0では使用されません．識別子は63（0x3f）です．

❻ メディア・アクセスとエラー処理

　LINのアクセスは，マスタ・ノードがヘッダを送信することで開始します．

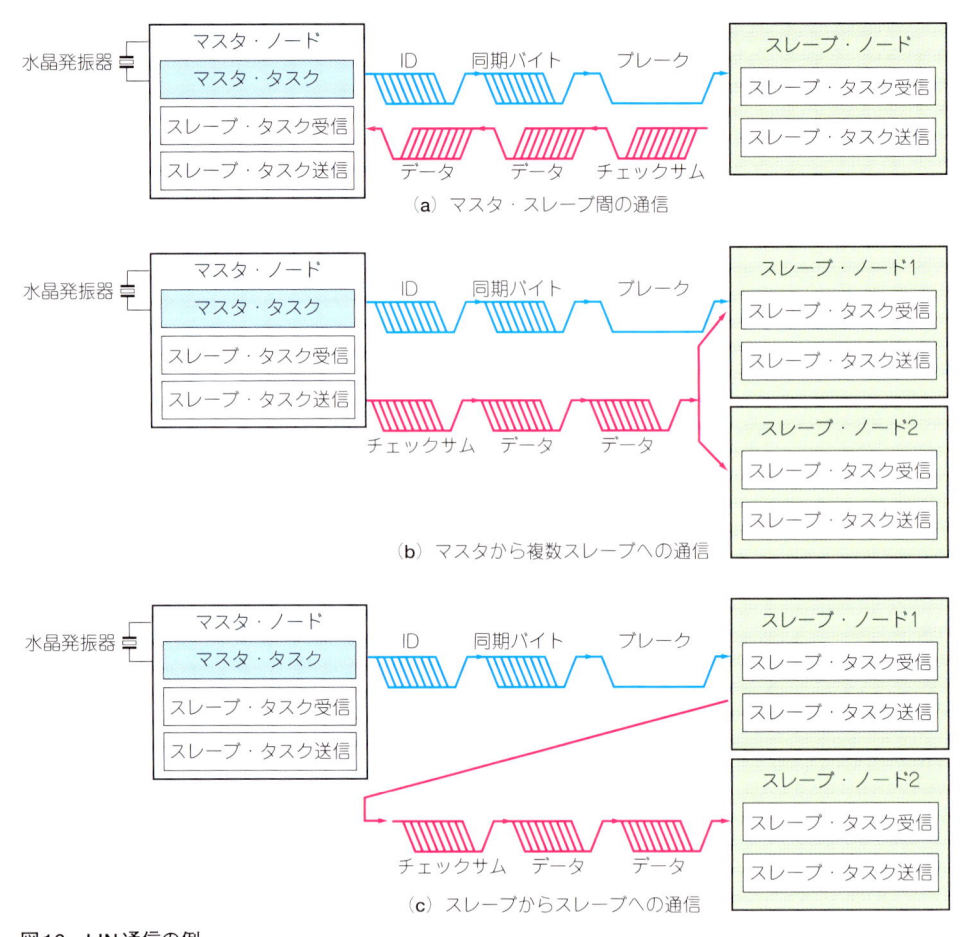

図13　LIN通信の例
基本的なマスタ・スレーブ間，スレーブどうしの通信の例を示す．

● **メディア・アクセス――タイム・トリガによる通信実行**

　イベント・ドリブンのCANに対して，LINはマスタ・タスクによってメッセージの送信を開始します．LINの送信の開始のきっかけとなるのはイベントではないので，マスタ・タスクがどのように実行するのかについて，あらかじめスケジュールを組んでおかないと通信が成立しません．このスケジュールは，自動車が動いている間中，繰り返し実行されます．このような方式を「タイム・トリガ」と呼びます．

　LINの場合，CANのようにアービトレーションの機能を備えていません．それは，各タスクは時間で管理されているので，同期がとれているかぎりメッセージの衝突は発生しないからです．タスクの優先順位はマスタのスケジューラで決まります．図13に，基本的なLINの通信を示します．図13(a)はマスタ・ノードからスレーブ・ノード，およびスレーブ・ノードからマスタ・ノードへのデータの送信を，図13(b)はマスタ・ノードから複数スレーブへのデータ送信を，図13(c)はスレーブ・ノードからスレーブ・ノー

ドへのデータの送信を示します．

　LINにはCANのようなACKスロットが割り当てられていません．必要な場合はアプリケーション・ソフトウェアで実行することになります．また，データ長を表すビットもありません．このように，CANと比べるとシンプルな構造になっていることがわかります．

● エラー検出と処理――最新版では三つの状態を見るだけ

　LINの場合，従来のLIN 1.3と最新バージョンのLIN 2.0ではエラー検出処理には大きな違いがあります．LIN 1.3では，
- ビット・エラー
- チェックサム・エラー
- IDパリティ・エラー
- スレーブ・レスポンスなしエラー
- 同期フィールド不一致エラー
- 物理的バス・エラー

などが定義されていますが，LIN 2.0では定義されていません．

　LIN 2.0では，レスポンスの中にステータス・ビット"Response_Error"を入れてマスタ・ノードに送信しています．このステータス・ビットによって，マスタ・ノードが次の三つの状態を判断します．
- Response_Error＝偽：ノードは正しく動作中
- Response_Error＝真：ノードが間欠性の問題を持つ
- ノードが返答しない：ノードが深刻な問題を持つ

　不ぐあいノードの処理については，LIN 1.3，LIN 2.0ともにプロトコルでは定義されていません．そのため，システム・レベルで考えておく必要があります．

　ビットの判定はUART/SCIフォーマットに沿っています．1ビット・タイムを16分割して，その分割した中心でサンプリングします．このとき"L"レベルであれば「0」，ハイレベルであれば「1」と判定します．

● 同期――タイム・トリガなのでクロック精度を規定

　LINでは，マスタ・ノードのクロック発振器の誤差を最大±0.5％に，スレーブのクロック誤差を最大±2.0％に規定しています．その上で同期フィールドのパターン（0x55）を利用して同期をかけるようになっています．

参考・引用＊文献

(1) LINコンソーシアムのホームページ，http://www.lin-subbus.org/
(2)＊ LIN Consortium；LIN Specification Package Revision 2.0, Sep.23, 2003.

第6章

LINクラスタを開発する

―― 診断とノード機能言語を追加してパーツの
　　プラグ・アンド・プレイを実現

LIN (local interconnect network) 2.0は，既存のLIN 1.3に対して，LINシステム内の診断機能や，標準的なノードの自動生成を実現する記述言語が新たに追加された．ノード機能記述言語仕様書によって，LINの目的の一つであった「オフ・ザ・シェルフ（市販パーツを買ってきて，自動車に取り付ける）」が実現可能となる．ここでは，LIN 2.0の概要をLIN 1.3から変更された項目に焦点を当てて説明する．また，LIN 2.0に対応したクラスタの開発フローを解説する．　　　　　　　　　　　　　　　　　（編集部）

　LIN (local interconnect network) 2.0は，2003年9月に正式公開されました．LIN 2.0を策定するにあたって，LINコンソーシアムとSAE (Society of Automotive Engineers；自動車技術者協会)のワーキング・グループ「J2602」が精力的に話し合いを持ちました．そして，LINとJ2602を統合することができました．これによって，米国においてもSAEが策定した車載用ネットワーク規格のClass A[注1]に適合することになり，LINを使用しても問題がなくなりました．

　また，日本では自動車メーカとしてトヨタ自動車がLINコンソーシアムのメンバになりました（最新のメンバ情報などは，LINコンソーシアムのWebサイト「http://www.lin-subbbus.org/」を参照）．これにより，日本市場においてもLINの導入が加速されると思われます．

❶ LIN 1.3からLIN 2.0への変更点を把握する

　LIN 2.0は，図1のような仕様書で構成されています．また，それぞれの概要を表1に示します．LIN 2.0はLIN 1.3のスーパセットであり，すべての新規開発に対する推奨版となります．例えば，LIN 2.0マス

注1：SAEの分類名称．Class A，Class B，Class Cなどがある．Class Aは電気通信で比較的低速（通信速度10kbpsまで）のもの．

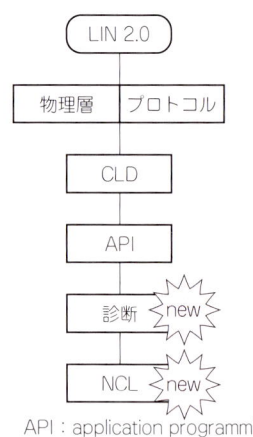

図1 LIN 2.0仕様
LIN 1.3に対して，診断機能とノード機能言語について新しく明記された．

- バイト配列シグナルは維持されているが，シグナル（信号）サイズは8バイトまでとなった．
- 信号グループは削除された（バイト配列によって置き換えられた）．
- 自動ビット・レート検出が仕様書に組み込まれた．
- LIN 1.3チェックサムの改良版として，拡張チェックサムを採用した．
- スポラディック・フレームが定義された．
- ネットワーク管理はビット時間ではなく秒で定義された．
- 必須ノード構成コマンドは，いくつかの任意のコマンドといっしょに追加される．
- 診断を追加した．
- それぞれのノード向けにLIN製品識別が標準化される．
- C言語でプログラムされたマイクロコントローラ・ベースのノードではAPIが必須になる．
- APIについては，バイト配列，go-to-sleep（強制スリープ），ウェイクアップ，ステータス読み出しなどの変更を反映できるようになった．
- 診断APIが追加された．
- ノード機能記述言語仕様が追加された．
- 構成記述言語仕様が改良された（ノード属性，ノード組成，バイト配列，スポラディック・フレーム，構成の追加などの変更を反映するため）．

図2 LIN 1.3からLIN 2.0へのおもな変更点
LIN 1.3からLIN 2.0で変更された項目を挙げる．なお，名称の変更についてはここでは触れていない．

表1 各仕様の概略

仕様書名	内容
LIN物理層仕様書	ビット・レート，クロック公差を含む物理層を規定
LINプロトコル仕様書	データリンク層を規定
LIN診断と構成仕様書	診断メッセージとノード構成を提供するため，データリンク層のトップに「レイヤ」として挿入できるサービスを規定
LIN API仕様書	診断モジュールを含むアプリケーション・プログラムとネットワーク間のインターフェースを規定
LIN構成記述言語仕様書（CLD）	自動車メーカ（OEM先）が異なったとしても，ネットワーク・ノードを提供する部品・電装メーカの間で共通のインターフェースとして機能する．また，開発/解析ツールの入力としてのフォーマットや完全なネットワークを構成するために使用されるLIN記述ファイルのフォーマットを規定
LINノード機能記述言語仕様書（NCL）	自動的にLIN記述ファイルを生成するためのプラグ・アンド・プレイ・ツールに使用できる．オフ・ザ・シェルフ・スレーブ・ノード（既製のLIN 2.0スレーブ・ノード）の記述に使用されるフォーマットを規定

タ・ノードはLIN 1.3ノード，またはLIN 2.0ノードの両方で構成されているクラスタを制御できます．LIN 2.0マスタは，LIN 1.3スレーブからの下記のようなLIN 2.0特有のリクエストを無効にします．
- 拡張チェックサム
- 再構成と診断
- 自動ボーレート検出
- エラー状態監視レスポンス

図3
スポラディック・フレーム

通常，図のいちばん上のようにスポラディック・フレーム・スロットはからである．図の第2スロットでは，0x22に関連した一つのフレームがアップデート（更新）されている．図のフレーム・スロットの間はスケジュール・テーブルで定義される．また，スケジュール・テーブルで定義されていれば，ほかのフレームも転送可能．

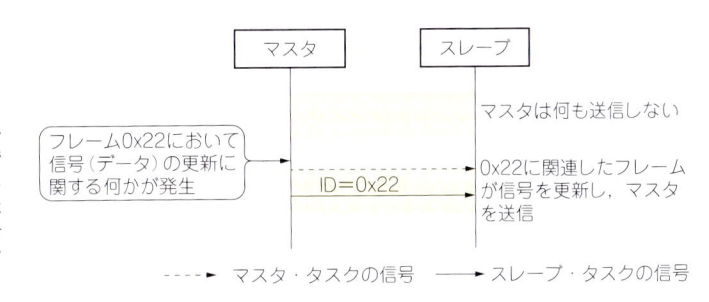

```
         マスタ      スレーブ

フレーム0x22において           マスタは何も送信しない
信号（データ）の更新に
関する何かが発生         0x22に関連したフレーム
         ID=0x22        が信号を更新し，マスタ
                        を送信

----▶ マスタ・タスクの信号   ──── スレーブ・タスクの信号
```

　なお，LIN 2.0スレーブ・ノードをLIN 1.3マスタ・ノードと組み合わせても動作しません．
　図2に，LIN 1.3からLIN 2.0への変更点を示します．診断仕様やノード機能記述言語仕様などが追加されたほか，フレームなどについても修正されています．

● 診断メッセージが追加され，チェックサムも拡張

　以下に，LIN 2.0のフレーム構成を述べます．基本的には本書の第5章で説明したLINのフレームと同じですが，いくつか修正，追加された項目があります．

1) 診断メッセージ

　LIN 1.3ではシグナル（信号）はフレームで転送されていましたが，LIN 2.0では診断メッセージもフレームで転送されることになります．診断メッセージは，二つの予約された識別子（ID）を伴うフレームで転送されます．

2) 拡張チェックサム

　LIN 2.0では，データだけでなく，保護識別子のチェックサムも計算します．これは，拡張チェックサム（enhanced check sum）と呼ばれており，LIN 2.0スレーブ・ノード通信に使用されます．拡張チェックサムの管理は，LIN 1.3と同じように，マスタ・ノードが行います．

3) スポラディック・フレーム

　フレームとして，新しくスポラディック・フレームが定義されました（図3）．このフレームの目的は，タイム・トリガとしてだけでなく，イベント・トリガとしてもふるまうようにすることです．本来LINは，時間で管理されているスケジュール・テーブルに基づいてふるまいが決まっています（決定論的なふるまい）．これにいくつかの動的なふるまいを加えることで，リアルタイム性も実現します．つまり，スケジュール・テーブルにないフレームを送信するときに使用するのがスポラディック・フレームなのです．
　スポラディック・フレームは，つねに信号を送信します．このフレームの識別子は0〜59（0x3b）です．
　フレームがアップデート（更新）され，その信号が送られたことをマスタ・タスクが知っている場合，スポラディック・フレームのヘッダはこれに関連したフレームを送るだけです．スポラディック・フレームの発行者（仕様書ではpublisherという）は，ヘッダへのレスポンスをつねに準備する必要があります．ス

ポラディック・フレームのすべての加入者(仕様書ではsubscriberという)はフレームを受信し,かつデータを使用できるものとします(チェックサムが有効な場合のみ).

複数のスポラディック・フレームが同じフレーム・スロットに関連している場合,通常はもっとも優先順位の高い(アップデートしたデータを持っている)スポラディック・フレームがフレーム・スロット内に転送されます.フレーム・スロットに関連したスポラディック・フレームがない場合,フレーム・スロットは何も通信しません.

スポラディック・フレームの通常の発行者をマスタ・ノードにするには,送られてきた信号がアップデートされていることをマスタ・タスクが知っていることが必要条件です.

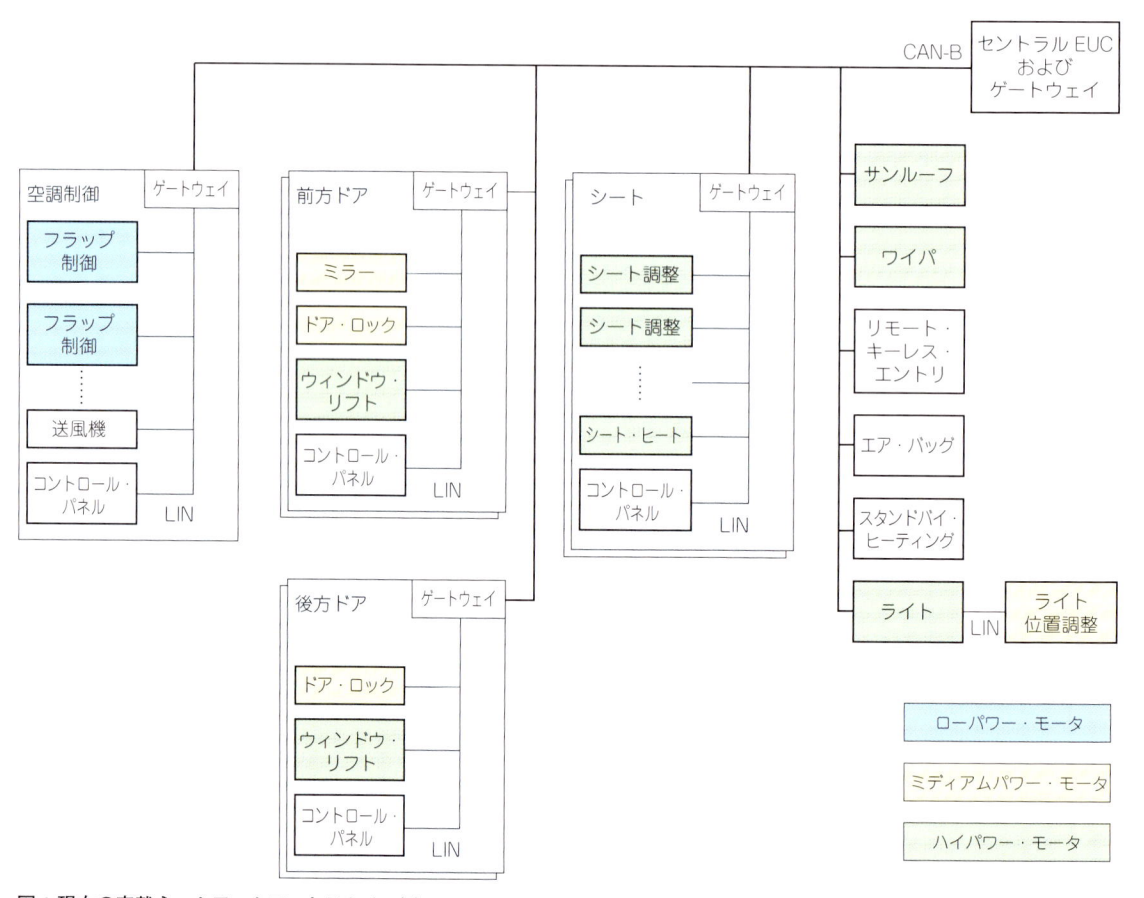

図4 現在の車載ネットワークアーキテクチャ例
自動車全体のネットワークを見ると,LIN (local interconnect network)は,CAN (controller area network)のサブネットとして位置づけられている.

4）診断フレーム

診断フレームも新たに追加されました．このフレームは，診断または構成データ（いずれも8バイト・データ）を送信します．識別子の値としては，マスタ・リクエスト・フレームと呼ばれる60（0x3c）とスレーブ・レスポンス・フレームと呼ばれる61（0x3d）が割り当てられています．

診断フレームのヘッダを生成する前に，マスタ・タスクは，もしそれが送られたのならば，あるいはもしバスが沈黙しているのならば，その診断モジュールに尋ねます．スレーブ・タスクは診断モジュールの応答によって，レスポンスを発行したり，ネットワークに加入したりします．

❷ LINクラスタ開発の基礎知識

自動車のネットワーク・アーキテクチャ全体から見ると，LINはCAN（controller area network）のサブネットとして位置づけられています（図4）．また，図5に示すようにLINはローエンド（ここではClass A程度を意味する）のネットワークです．ノードのコストも，CANと比べると1/2くらいになると考えています．このように，LINはCANの置き換えをねらっているものではありません．表2は，LINとCANのおもな機能を比較したものです．

これまでも，自動車メーカは車種ごとに独自のサブネットを開発して，製品に搭載していました．これは開発および保守の両方のコストの増大を招きました．

この独自仕様のサブネットにUART/SCIを使用している例が多く，プロトコルをソフトウェアで規格化すれば標準化できると考えました．これがLINの始まりです．ひな形となったのは「Volcano Lite」と呼ばれる規格です．この規格は，スウェーデンのVolcano Communication Technology社（2005年5月に，米

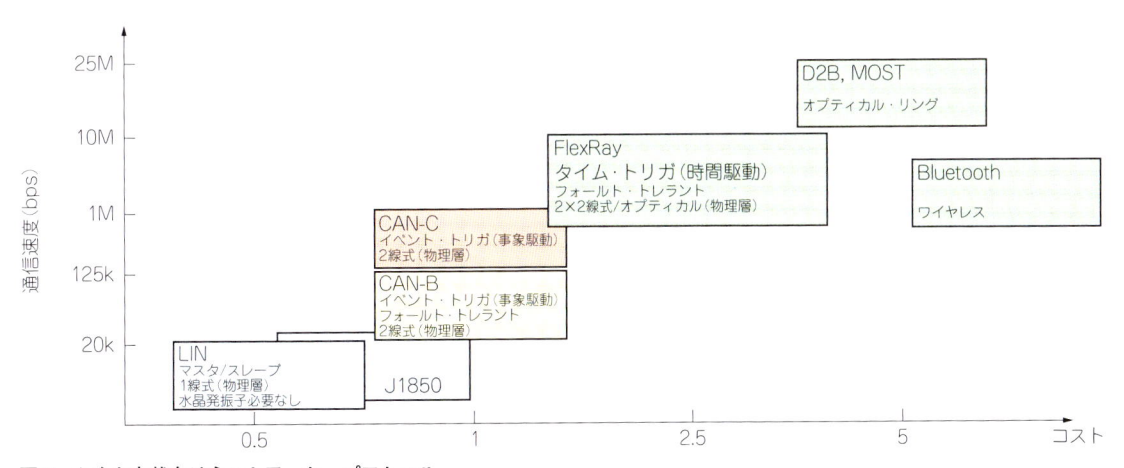

図5　おもな車載向けネットワーク・プロトコル
現在，自動車市場に受け入れられている代表的なネットワーク・プロトコルを示す．LINはローエンド（10kbps程度）の通信速度に対応している．

表2 ボディ系CANとLINの比較について

	CAN	LIN
メディア・アクセス・コントローラ	CSMA/CR（マルチマスタなど）	シングル・マスタ
情報ルーティング	29（11）ビット・メッセージID[*1]，マルチキャスト・メッセージ	6ビット・メッセージID，マルチキャスト・メッセージ
データ・サイズ（バイト）	0〜8	0〜8
2バイト・データ・チャネル使用率（隣接データ・バイト）	20%	25%
最大サイクル時間（最大速度における2バイト・データ，隣接データ・バイト）	0.65ms	3.2ms
物理層	より対線，5V（フォールト・トレラント），1線式，12V（J2411）[*2]	1線式，12V（エンハンスト ISO9141）
最大通信速度	125kbps（33.33kbps）[*3]	20kbps

*1： CANのメッセージ・フレームのフォーマットは2種類あり，識別子（ID）のビット数が異なる．標準フォーマットではIDは11ビット，拡張フォーマットでは29ビットとなる．
*2： 通常，CANは2本のワイヤ（より対線）で信号を送る．しかし，SAEが策定した低速なCANベースの通信規格「J2411」は1本のワイヤで信号を送る．これは，「シングル・ワイヤCAN（1XCAN）」と呼ばれる．
*3： 33.33kbpsは，シングル・ワイヤCANの最大通信速度．

国Mentor Graphics社に買収された）によって開発されました．Volcano Liteは，このときすでにスウェーデンのVolvo社が自社の自動車に搭載していました．LINコンソーシアムのパートナ企業7社が，このVolcano Liteをもとに規格書の策定に入ったわけです．

第5章で述べたように，LINは基本的に一つのマスタと複数のスレーブの通信です（CANのようにすべてのノードがマスタではない）．マスタの許可なしにスレーブは通信を行いません．マスタは何種類かのスケジュール・テーブルを持っています．このテーブルによってLINクラスタを運営（管理）します．このスケジュール・テーブルは時間で管理されているので，CANのような「イベント・トリガ」ではなく，「タイム・トリガ」のアクセス方式です．また，CANと同じようにそれぞれの識別子に意味を持たせています．

● LINビヘイビア・モデルをステート・マシンで表現する

あるLINクラスタ内のすべてのスレーブ・ノードは，マスタ・ノードに接続されています．LINクラスタのノードは，物理的なバス・ワイヤに接続されるため，トランシーバ（送受信回路）を使用しています．フレームはアプリケーションで直接アクセスしないため，物理層との間に信号ベースでインターフェースする層（シグナル・インターラクション層）が挿入されています（図6）．さらにLIN 2.0では，診断インターフェースがアプリケーションとフレーム・ハンドラ（プロトコル・エンジン）の間に入っています．

こうしたLINノードのビヘイビア・モデルは，マスタ・タスクとスレーブ・タスクの通信を基礎としています．マスタ・タスクは三つの独立したステート・マシンから，またスレーブ・タスクは二つの独立したステート・マシンからなります．しかし，ビヘイビア・モデルを用いることによって，これらのステート・マシンはノード当たり一つのブロックに効果的にまとめられるでしょう．

マスタ・タスクは，正しいヘッダを生成するための責任を負っています．言い換えれば，どのフレーム

第6章　LINクラスタを開発する

図6
ノードの概念
LINノードと物理的なバス・ワイヤの間にはトランシーバを入れる．フレームはアプリケーションで直接アクセスしないため，物理層との間に信号レベルでインターフェースする層（シグナル・インタラクション層）が挿入されている．

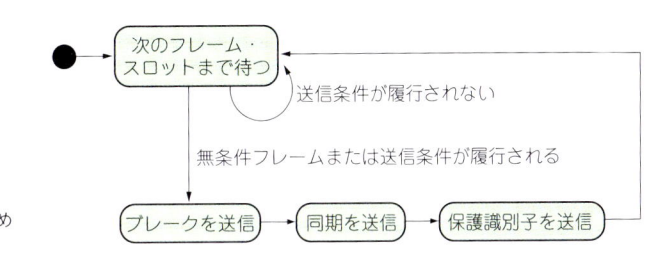

図7
マスタ・タスク・ステート・マシン
このステート・マシンは正しいヘッダを生成するための役割を担っている．

を送信するか，フレーム間の正しいタイミングをどう維持するのかをすべてスケジュール・テーブルに従って決定していきます．ただし，マスタ・タスクのステート・マシンでは，エラーの監視は義務ではありません．マスタ・タスクのステート・マシンを図7に示します．なお，図7に描かれているステート・マシンは，識別子をどのように選択するかについては記述されていません．

一方，スレーブ・タスクは，そのノードが発行者の場合にフレーム・レスポンスを送信するための，または加入者の場合にフレーム・レスポンスを受信するための役割を果たします．スレーブ・タスクは，次の二つのステート・マシンで作られます．

1）ブレーク・同期検出器
　スレーブ・タスクは，フレームの保護識別子フィールドの始まりで同期することを要求されます．すなわち，保護識別子フィールドを正しく受信できなければなりません．LIN物理層の仕様書では，要求されたビット・レート許容誤差内に残されたフレームを通じて同期を持続させることが規定されています．この目的のために，同期フィールドによって次のブレーク・フィールドを有するシーケンスの起動でフレームを開始します．

2）フレーム・プロセッサ
　フレーム・プロセッサは休止状態と活動状態の二つのステートから構成されています（図8）．この活動

状態には五つのサブステートが含まれています．ブレークと同期が信号を送るとすぐに，活動状態の受信識別子サブステートに入ります．この状態は，あるフレーム処理が新しいブレークを検出することによってアボートされます．

● 省電力実現のためのパワー管理とネットワーク管理

　パワー管理についてもビヘイビア・モデルで表せます．図9は，LINノードのパワー管理のビヘイビア・モデルを表しています．ここで，ウェイクアップとスリープはLINクラスタのネットワーク管理によって行われます．

1）ウェイクアップ

　ウェイクアップの要求は，LINバスを250μs〜5msの間ドミナント状態（グラウンド状態）にすることによって起こります．電源が接続されているすべてのスレーブ・ノードは，ウェイクアップ要求（150μsよ

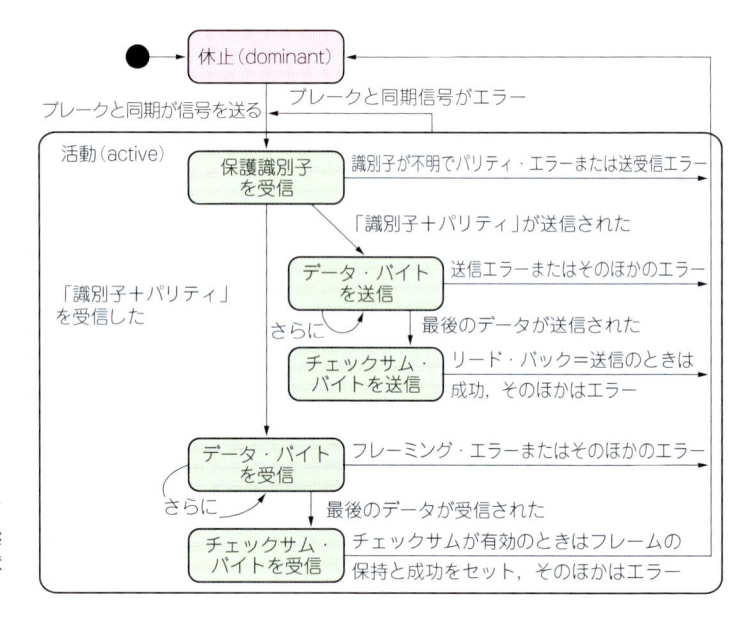

図8
フレーム・プロセッサ・ステート・マシン
フレーム・プロセッサは休止状態と活動状態の二つのステートで構成され，さらに活動状態は五つのサブステートに分かれる．

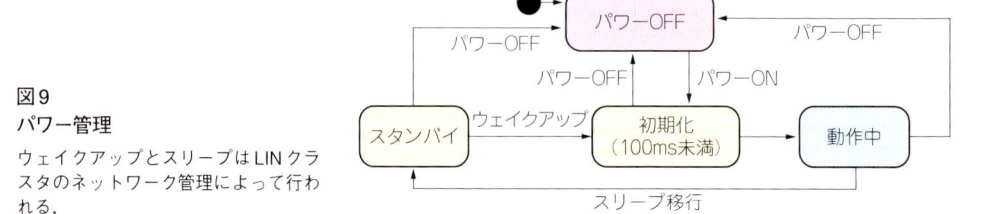

図9
パワー管理
ウェイクアップとスリープはLINクラスタのネットワーク管理によって行われる．

り長いドミナント・パルス）を検出すること，そしてドミナント・パルスの終わりのエッジから100ms以内のバス・コマンドを受け取る準備を行うことが必要です．マスタは，スレーブ・ノードがウェイクアップしてコマンドを受け取る準備ができると，ウェイクアップの同期を検出するためのフレーム・ヘッダの送信を開始します．

もしマスタがウェイクアップ要求から150ms以内にフレーム・ヘッダを発行しなかった場合，ノードは新しいウェイクアップ要求の発行を試みます．要求が3回失敗すると，ノードは4回目のウェイクアップ要求を発行する前に最低1.5s（秒）待つようになっています．

2) スリープ

活動中のクラスタのすべてのノードは，最初のデータ・バイトが'0'である診断マスタ・リクエスト・フレーム（識別子は0x3c）が送信されると，スリープ・モードに入ります．この識別子は診断フレームと同じです．このような診断フレームの特別なコマンドは"go-to-sleep（強制スリープ）"と呼ばれます．

なお，LINバスに4s以上活動がなければ，スレーブ・ノードは自動的にスリープ・モードに入ります．

このほかに，動作中のエラーを検出するためのステータス管理が定義されています．クラスタのステータス管理はマスタ・ノードで行われます．エラー検出を行うことの利点として次の二つが挙げられます．

- 欠陥のあるユニットを簡単に置き換えることができる
- 問題が発生したときにノードがlimp homeモード[注2]に入れるようにする

● ネットワークを管理してリポートする

ネットワーク・リポートは，マスタ・ノードによって処理され，つねにクラスタの監視に使用されるものです．スレーブ・ノードについては，それらのステータスをネットワークに報告することが要求されます．

スレーブは，送信フレームの中に一つのステータス・ビット"Response_Error"を入れて，マスタ・ノードへ送信します．レスポンス・フィールドにエラーが含まれているノードによって送信あるいは受信されたフレームについては，いつでもResponse_Errorをセットしなければなりません．Response_Errorは送信後にクリアされるものとします．

このステータス・ビットによって，マスタ・ノードは以下のような判断を下すことができます．

- Response_Error = False ⇒ ノードが正しく動作中
- Response_Error = True ⇒ ノードが間欠性の問題を持つ
- ノードが返答しない ⇒ ノード（バス，マスタ）が深刻な問題を持つ

また，フレームが送信されていないことをマスタ・ノードが受信した場合，ステータス・ビット（Response_Error）をイベント・トリガ・フレームに置くことはできません．イベント・トリガ・フレーム

注2：limp homeモードとは，マイコンの外部発振器がなんらかの理由で断線した場合，それを検出して内部の発振器に切り替えてマイコンの動作を継続させるモードである．つまり，ノードに何か問題が起きたとき，ノード全体の機能を停止するのではなく，最低限の機能を継続させるモードと言える．ちなみに，"limp"には「よたよた」という意味がある．

以外のすべてのフレームについては，ノードはつねにステータス・ビットを送信することができるようになっています．

● **ノード自身を管理してレポートする**

　ノードは，ノード自身にステータス管理のための二つのステータス・ビット，"Error_in_response"と"Successful_transfer"を送ります．またノード自身のアプリケーションが，ノードによって承認された最後のフレームの保護識別子を受信します．

　"Error_in_response"は，フレームを受信したノードによって，あるいはレスポンス・フィールドにエラーが含まれているフレームを送信したノードによってセットされます（"Response_Error"をセットするのと同じ条件）．

---

column　LIN対応ツールを使って効率良く開発

　LIN 2.0の仕様は複合的なので，開発ツールを使用すると効率良く設計が行えます（図A-1）．
　例えば，米国Mentor Graphics社はLINに対応した開発ツールとして，以下のような製品を発売しています[注A]．
- LNA（Volcano LIN Network Architect）──LIN 2.0に準拠しており，LIN記述ファイルやスケジュール・テーブル

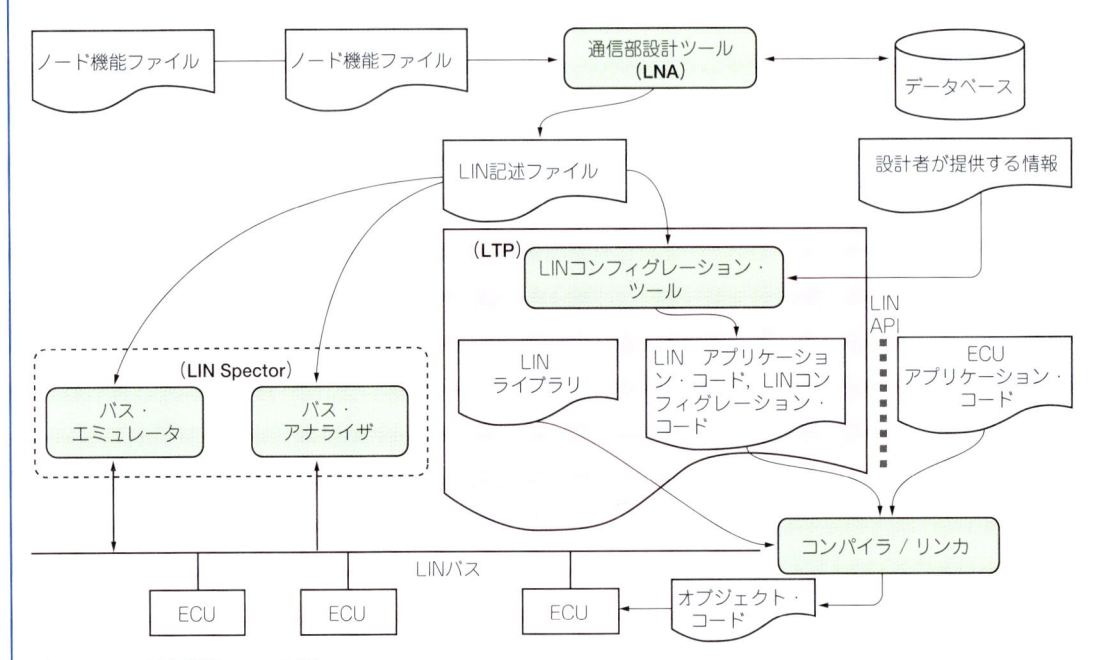

図A-1　LIN対応開発ツールの例
米国Mentor Graphics社のLIN対応開発ツールを例に挙げる．図中のLNA，LTP，LIN Spectorなどが同社の製品．

第6章　LINクラスタを開発する

"Successful_transfer"は，フレームが正常に送信された際にそのノードによってセットされます．
これらのステータス・ビットは，いずれも読み込まれたあとにクリアされます．
ノード自身の管理はソフトウェア・ベースでノードに実装されますが，ASICのステート・マシンについても同じ考えかたを用いて設計することを推奨します[注3]．

❸ LINクラスタの開発フロー

では，実際にLIN 2.0クラスタの開発の流れを見ていきましょう．

注3：ノード自身をレポートすることはLIN API仕様書で規格化されている．

を自動的に(あるいはマニュアルで)作成する機能を備えている(図A-2)．LINの通信部分の上位設計ツールとして利用する．
- LTP (LIN Target Package) ―― LIN 2.0に準拠しており，LINドライバ機能やアプリケーション・プログラム生成機能を備える．
- Volcano LIN Spector ―― LIN 2.0に準拠しており，LINバスのモニタリングやノード(マスタ，スレーブ)のエミュレーションなどに使用する．

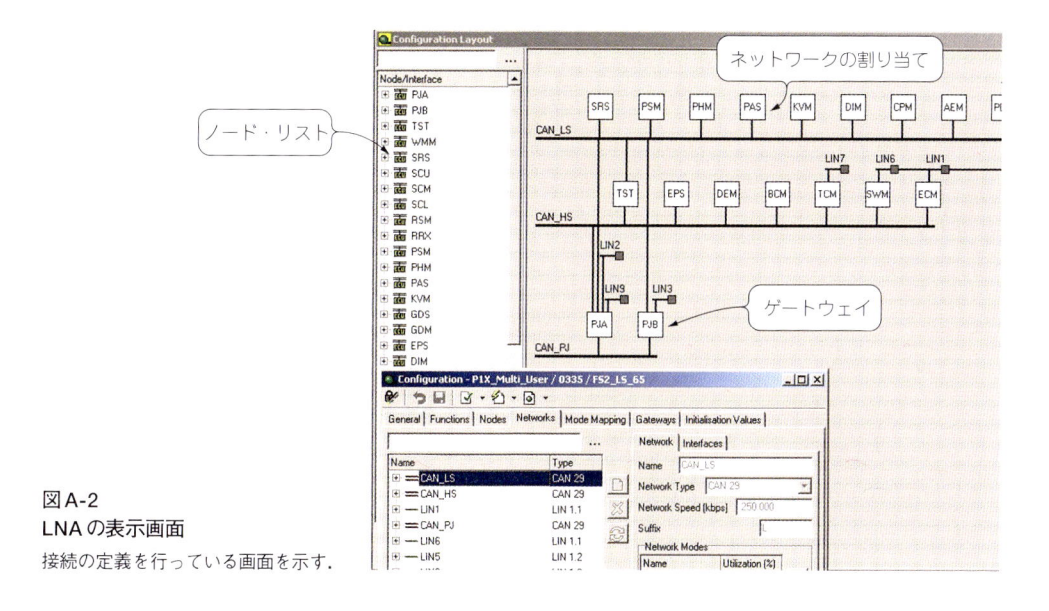

図A-2
LNAの表示画面
接続の定義を行っている画面を示す．

注A：2005年5月に，同社はスウェーデンのVolcano Communication Technology社(車載ネットワーク製品すべてを含む)を買収した．

なお，LIN 2.0は物理層やデータリンク層，APIなどについて規定していると述べましたが，LIN 2.0対応ノード（ECU：electronic control unit）の各設計段階における開発ツール間のインターフェースについても定義しています（図10，p.90のコラム「LIN対応ツールを使って効率良く開発」を参照）．

● LINを効率良く開発するため作業フロー

ここで，LINを採用したシステムの開発における作業フローについて紹介します．作業フローの概念はとても重要です．なぜなら，この概念をきちんと考慮しておけば，LINクラスタ（ノードの集合）の構築を短期間で行え，かつ，各開発段階とそこで使用するツールをうまく連動させることができるからです．

図11に示すように，LINの開発は大きく「設計」，「システム構築」，「デバッグ」に分かれます．

設計段階ではLIN構成記述言語（CLD：Configuration Language Description）を用いてLIN記述ファイル（LDF：LIN Description File）を生成します．LIN記述ファイルは，各開発工程の間のインターフェースとして機能します．そして，LIN構成記述言語は，システムの構築に際して完全なネットワーク・クラスタを構成するためのデータ・フォーマットを，またデバッグに対しては開発/解析ツールの入力データ・フォーマットを規定します．

このように，インターフェース部分を共通言語で記述することで，例えばメッセージの非互換性やネッ

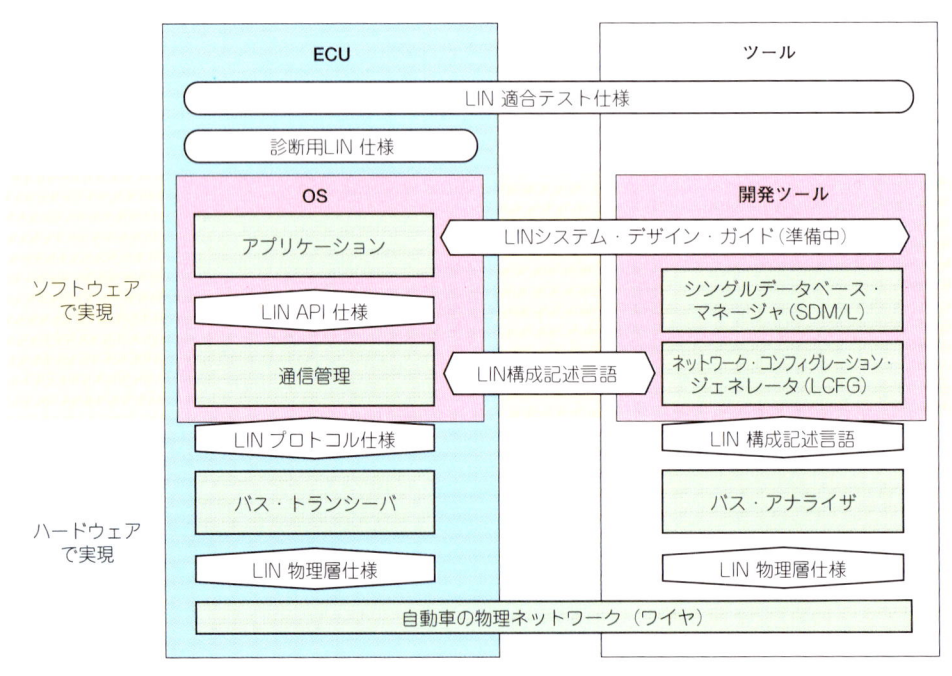

図10　LIN 2.0仕様と開発環境
LIN 2.0は物理層やプロトコルだけでなく，各開発段階におけるツールとのインターフェースも定義している．なお，LINシステム・デザイン・ガイドは，2005年10月現在，コンソーシアムで準備中であり，リリース時期は未定．

第6章　LINクラスタを開発する

トワークの過負荷によるLINシステムの機能低下といった問題の発生を防ぎ，各ノードの設計を安心して協力企業（部品・電装メーカ）に依頼することができます．

また，LINノード機能記述言語はLIN 2.0に新しく追加された仕様であり，既成のスレーブ・ノードに対して標準化されたシンタックス（構文）を提供します．ノード機能記述言語で記述されたノード機能ファイルは，LIN記述ファイルを自動生成するためにシステム定義ツールで解析されます．さらに，LIN記述ファイルは，必要とされるノードにおいてLINに関連した機能を自動的に発生するためにシステム・ジェネレータで解析されます．こうして，標準ノードの調達を簡略化できます．同時に，自動的にクラスタを生成するようなツールを作ることが可能になります．すなわち，LINノード機能記述言語を使えば，クラスタのノードがほんとうの意味での「プラグ・アンド・プレイ」を実現できるのです．

● LIN記述ファイルに必要な情報を書き込み，利用する

図11を実際のLINクラスタの開発の流れとして（ツールなどを踏まえて）表したのが図12です．図12の中で緑色で示した部分は開発ツールを表しています．また，各開発ツールから生成されるソフトウェアを水色で示しています．

データベースは，LINクラスタを設計するために必要なデータを格納してあります．このデータは，各スレーブ・ノードの構成情報（ノード名，プロトコル・バージョン，ネットワークのビット・レートなど）のもとになるものです．

「データベース・マネージャ」と呼ばれるツールによって，このデータベースをLIN記述ファイルに展開します．LIN記述ファイルの例を図13に示します．このファイルには，LINプロトコルの定義のほか，ノ

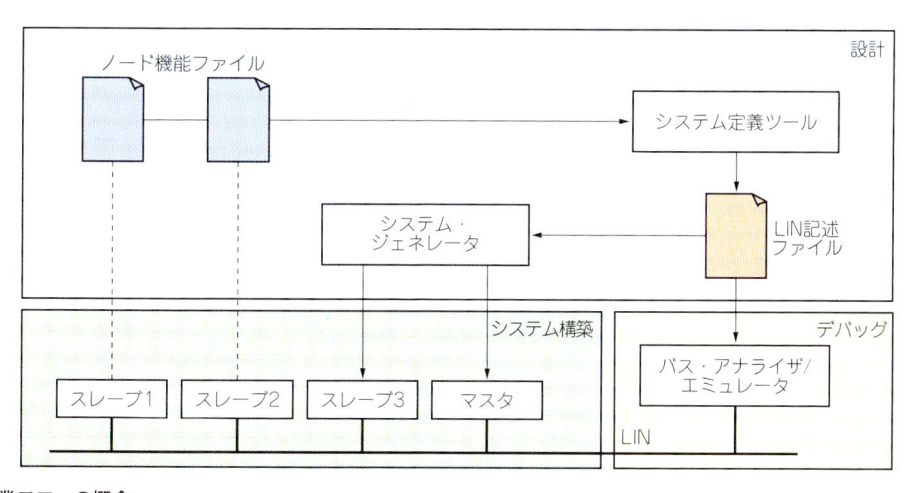

図11　作業フローの概念
LINの開発は大きく「設計」，「システム構築」，「デバッグ」に分かれる．LIN構成記述言語を用いて生成されたLIN記述ファイルは，各開発工程の間のインターフェースとして機能する．

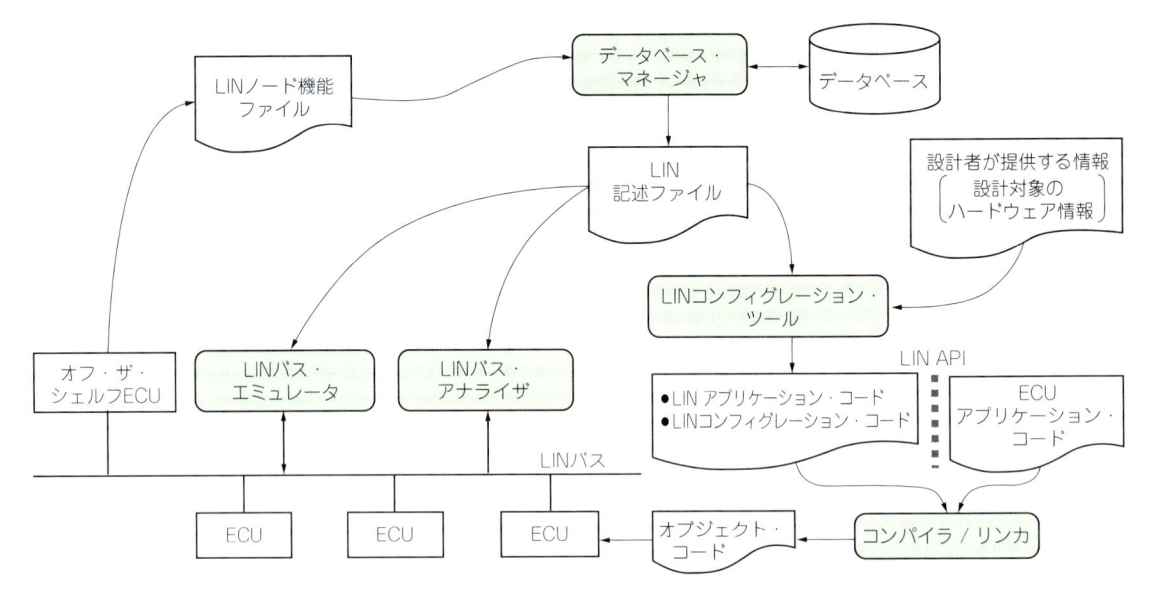

図12 LINクラスタ開発フローの概略
図の中で緑色で示した部分は開発ツールを，水色の部分は各開発ツールから生成されるソフトウェアを示す．

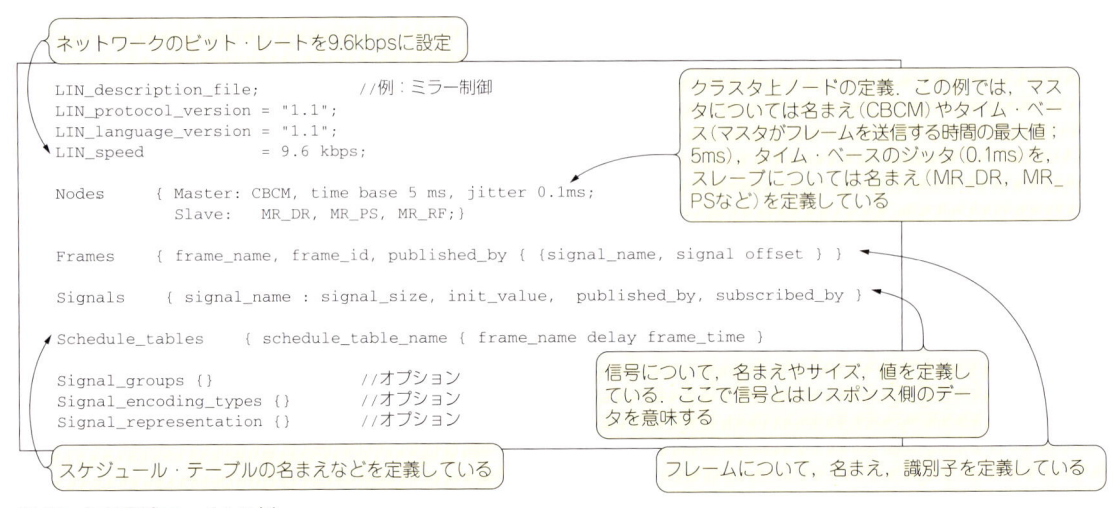

```
LIN_description_file;              //例：ミラー制御
LIN_protocol_version = "1.1";
LIN_language_version = "1.1";
LIN_speed            = 9.6 kbps;

Nodes      { Master: CBCM, time base 5 ms, jitter 0.1ms;
             Slave:  MR_DR, MR_PS, MR_RF;}

Frames     { frame_name, frame_id, published_by { {signal_name, signal offset } }

Signals    { signal_name : signal_size, init_value, published_by, subscribed_by }

Schedule_tables    { schedule_table_name { frame_name delay frame_time }

Signal_groups {}                   //オプション
Signal_encoding_types {}           //オプション
Signal_representation {}           //オプション
```

- ネットワークのビット・レートを9.6kbpsに設定
- クラスタ上ノードの定義．この例では，マスタについては名まえ(CBCM)やタイム・ベース(マスタがフレームを送信する時間の最大値；5ms)，タイム・ベースのジッタ(0.1ms)を，スレーブについては名まえ(MR_DR, MR_PSなど)を定義している
- 信号について，名まえやサイズ，値を定義している．ここで信号とはレスポンス側のデータを意味する
- フレームについて，名まえ，識別子を定義している
- スケジュール・テーブルの名まえなどを定義している

図13 LIN記述ファイルの例
LIN記述ファイルを用いて，すべての必要な通信パラメータを取り込む．また，このファイルはツールおよびアプリケーション・プログラムの両方の入力として使用される．

ードや信号の定義，フレーム，ノードの属性，スケジュール・テーブルなど，LINネットワークを構成する情報が記述されます．

また，LINのスケジュール・テーブルの例を図14と図15に示します．図14(a)は，ドア・モジュールを例にしたシンプルなスケジュール・テーブルの例です．運転者がウィンドウの開閉やミラーの格納，ド

第6章　LINクラスタを開発する

|ウィンドウ・ステータス|ロック・ステータス|ミラー・ステータス|マスタ・コマンド|キーボード・ステータス|

（a）シンプルなスケジュール

|ウィンドウ・ステータス|キーボード・ステータス|ロック・ステータス|キーボード・ステータス|ミラー・ステータス|キーボード・ステータス|マスタ・コマンド|キーボード・ステータス|

（b）頻繁なキーボード・ポーリング

図14　LINスケジュール・テーブルの例

LINのアクセス方式はタイム・トリガであり，マスタがスケジュール・テーブルで通信を管理している．この図でキーボードとは，ドア・システムのドライバ側のスイッチ・パネルのこと．（a）は，キーボードのスイッチの状態（ステータス）を読み取るのは1回だけ．一方，（b）はウィンドウやミラーなどの各スレーブ・ノードのステータスを確認した後，そのつどスイッチの状態を読み取っている．（a）と比べて（b）のほうがスイッチに対する各ノードのリアルタイム性は向上するが，処理は複雑になる．

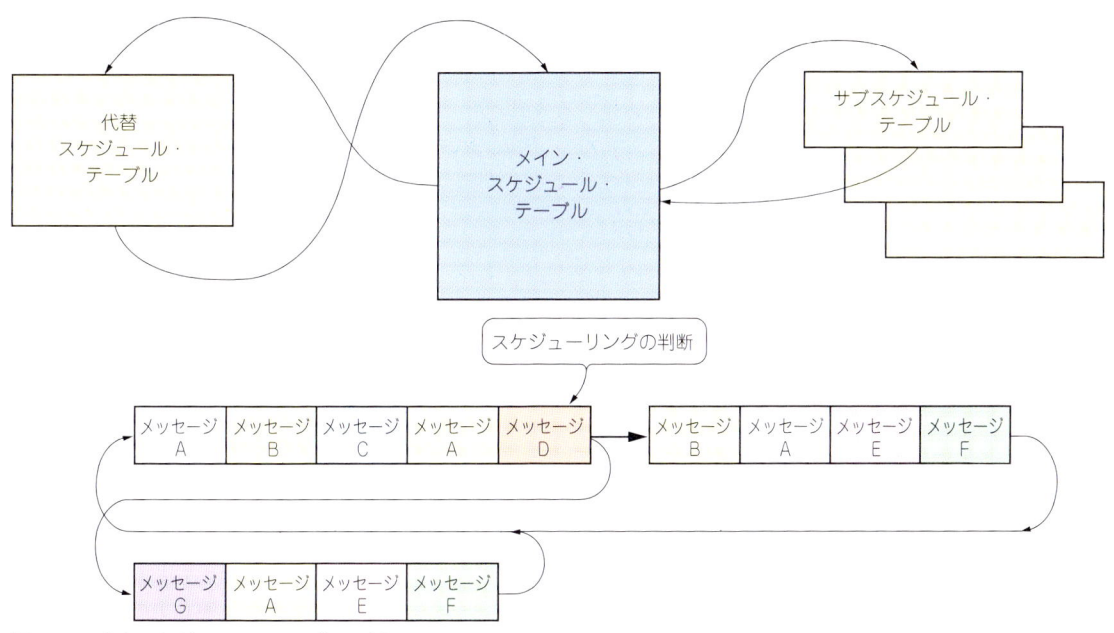

図15　可変なスケジュール・テーブルの例

マスタ側は，LINクラスタとしてアプリケーションを実行したり，ネットワークを管理する機能を持っている．また，アプリケーションによっては，スケジュールを変更して別の処理を行わなければならないケースも考えられる．そういうときのためにも，さまざまなことを想定したスケジュール表を用意しておき，そのための判断するルーチンを準備することが重要．

ア・ロックなどのスイッチを押したかどうかは，ウィンドウ，ロック，ミラーそれぞれのステータスを確認した後，一括してチェックしています．一方，図14（b）はそれぞれのステータスをチェックするごとに，スイッチをポーリングするようなスケジュールになっています．図15の例は，さまざまな状況に柔軟に対応できるように可変なスケジュール・テーブルになっています．クラスタには，正常な状態だけでなく，

回復可能なエラーや致命的エラーなどさまざまな状態が起こりえます．マスタ側は，こうした状態を漏れなく考慮し，定義して，どのように処理するのかを考えなくてはなりません．そのため，メインのスケジュール・テーブルで処理しきれないものはサブスケジュール・テーブルで処理します．メイン・スケジュール・テーブルがなんらかの理由で処理不能になったときには，代替スケジュール・テーブルで対応するという提案もあります．メイン・スケジュール・テーブルやサブスケジュール・テーブルなどの間で遷移する際はマスタに判断を求め，その決定によって適切なスケジュール・テーブルに変更するように考えられています．

　LIN記述ファイルとコンフィグレーション・ツールによって，設計者が提供する情報（設計対象のハードウェア情報など）がLINアプリケーション・コードやコンフィグレーション・コードに展開されます．これらのコードとECUのアプリケーション・コードは，ともにコンパイラ/リンカによってプロジェクト・コードに落とされ，ECU（のマイコン）にプログラムされます．

　また，設計工程で生成されたLIN記述ファイルを用いて，LINバス・アナライザやエミュレータによってクラスタのデバックを行います．

　制御ネットワークの開発では，アプリケーション・ソフトウェアのデバックを完全に終了していることが重要になります．アプリケーション・ソフトウェアにバグがないことが確認できていれば，ネットワーク側のデバックに集中できるからです．これはとてもたいせつなことです．

参考・引用*文献

(1) LINコンソーシアムのホームページ，http://www.lin-subbus.org/
(2)＊LIN Consortium；LIN Specification Package Revision 2.0, Sep. 23, 2003.

第7章
FlexRay プロトコルを理解する
―― 自動車メーカの要求にこたえた制御系ネットワーク

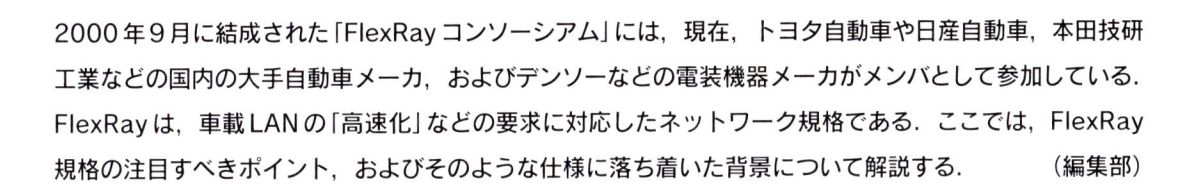

2000年9月に結成された「FlexRayコンソーシアム」には，現在，トヨタ自動車や日産自動車，本田技研工業などの国内の大手自動車メーカ，およびデンソーなどの電装機器メーカがメンバとして参加している．FlexRayは，車載LANの「高速化」などの要求に対応したネットワーク規格である．ここでは，FlexRay規格の注目すべきポイント，およびそのような仕様に落ち着いた背景について解説する． （編集部）

　自動車内のネットワーク化は，欧州の自動車メーカを中心に進んできました．例えば，制御系のネットワーク規格として1990年にCAN-C（高速CAN）が導入されました（図1）．その後，1994年にCAN-B（低

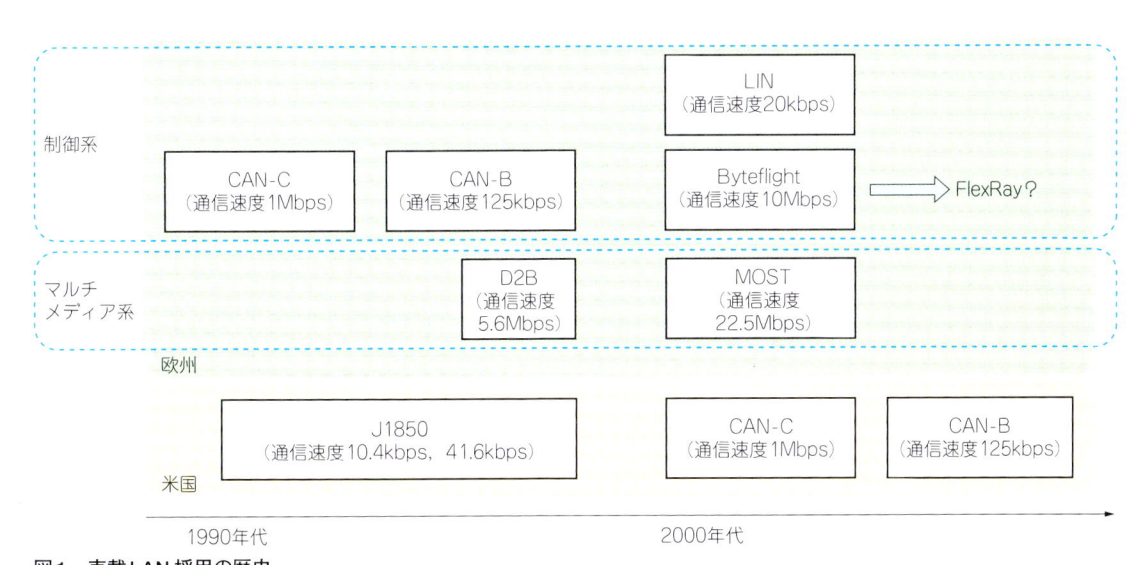

図1　車載LAN採用の歴史
自動車内のネットワーク化は，欧州の自動車メーカを中心に進んできたが，現在では米国および日本でも普及しつつある．

速CAN）が，2001年にLINとByteflightが導入されました．また，マルチメディア系ネットワーク規格では，1998年にD2B（Domestic Digital Bus）が，2001年にMOST（Media Oriented Systems Transport）が導入されました．

一方，米国ではSAE（Society of Automotive Engineers；自動車技術者協会）が認定したJ1850が定着していましたが，2001年にCAN-Cへ，2003年にCAN-Bへ移行しています．

近年では，70以上のECU（電子制御ユニット）を搭載した車種が市場に出てきています．そのため，異なるバス・システムを接続するためのゲートウェイの機能が1997年から導入されています．

❶ CAN，TTP/Cでは満たされない要求

CAN-Cが導入されて，十数年がたちました．この間に自動車に搭載されるECUの増加により，次のような問題が表面化してきました．
- 異なる通信システムの増加に伴うゲートウェイの増加
- ネットワーク・トポロジの複雑化
- アプリケーションの増加と，その相互接続性確保の困難
- ネットワークの通信データ量の増加

これらの課題を解決するため，欧州の自動車メーカの間でさまざまな議論が行われてきました．以前は，自社でそれぞれの問題を解決し，それが各社のノウハウや製品の特色になっていました．しかし，現在はその方向性は大きく転換しています．メーカどうしがコンソーシアムを結成し始めたのです．その大きな理由は，上述の課題をもはや1社だけで解決することは難しく，技術的な面をいかに他社と共有するか，増大する開発コストをいかに他社と分担するかということを考え始めたからです．

● オープンで多くのパートナ企業と連携できる規格を要望

自動車用の新しい通信インターフェースを検討するにあたって，自動車メーカは以下のような要求を持っていました．
- 電気駆動の共通のアーキテクチャ
- 拡張可能な共通の通信システム
- 自動車業界で標準化が可能
- 自動車内のあらゆる領域のアプリケーションに対応
- 水平，垂直に展開可能注1な標準化されたインターフェース

具体的に言うと，自動車メーカが望む通信インターフェースとは，「オープン（非独占）で，ロイヤリテ

注1：この場合，水平方向とは自動車メーカ，部品メーカなど，自動車開発にかかわる企業間の広がりを指す．垂直方向とは，すべての車種やアプリケーションを指す．

第7章　FlexRayプロトコルを理解する

ィ（使用料）不要で，コンプライアンス・テストで認定されたもので，かつ，広い分野の開発パートナからサポートを受けられ，さらにX-by-wireアプリケーションを考慮したもの」です．

　この要求をもとに，以下のような既存（あるいは発表済み）の通信システムが調査・検討されました．

- **CAN（controller area network）**：ボディ系/パワートレイン系の制御用ネットワークとして広く利用されている．最大通信速度は1Mbps．アクセス方式は事象駆動（イベント・ドリブン）．
- **TTCAN（time triggered CAN）**：安全性を重視した時間同期（タイム・トリガ）のCAN．最大通信速度は1Mbps．
- **TCN（train communication network）**：列車内の情報制御伝送用ネットワーク．トレイン・バス（最大通信速度1Mbps）とビークル・バス（同1.5Mbps）の二つのバスで構成されている．アクセス方式は，一つのマスタによるスレーブの制御．
- **TTP/C（time triggered protocol/C-class）**：安全性を重視したタイム・トリガ方式の制御用ネットワーク．最大通信速度は25Mbps．アクセス方式はTDMA（time division multiple access）．
- **Byteflight**：安全性を重視した車載LAN規格．最大通信速度は10Mbps．アクセス方式はFTDMA（flexible time division multiple access）．

　これらのネットワーク規格について，自動車メーカのドイツBMW社，ドイツDaimlerChrysler社，米国General Motors社などが，みずからの開発経験の中で得た技術的な長所や短所を洗い出しました．また，電装機器メーカのドイツRobert Bosch社はシステム設計ノウハウの観点から，米国Freescale Semiconductor社（当時，米国Motorola社の半導体部門）やオランダのRoyal Philips Electronics社（以降 Philips社）はマイクロコントローラやトランシーバなどのLSIの設計・製造の観点から経験を持ち寄り，議論を行いました．

　そして，上記のすべてのインターフェースは，技術的に見て彼らの考えているものに適合しない，という結論に至ったのです．CANやTTCANは通信速度が遅いという点が問題になりました．例えば，現在，シャーシ系やパワートレイン系に採用されているCAN-C（データ転送速度500kbps）では，すでに処理能力に限界が来ています（図2）．また，比較的高速なTTP/Cも，自動車仕様のシステム・アーキテクチャをサポートしていない，非同期メッセージをサポートしていない，クロック同期などのハードウェア要件が自動車の標準コストに適合しない，メンバシップ・サービスは必須でオプションがない，といった問題がありました（各技術要素の詳細は後述）．

　そこで，BMW社，DaimlerChrysler社，Freescale Semiconductor社，Philips社は，2000年9月にFlexRayコンソーシアムを設立し，彼らの自動車に関する技術をベースにした最適な通信システムを作り出すことにしたのです．

　コンソーシアムとして，まず自動車に対する必要条件を以下のように分類しました．

1) 生産面
- 以前から使用されている部品の再利用と，将来への拡張性に配慮する

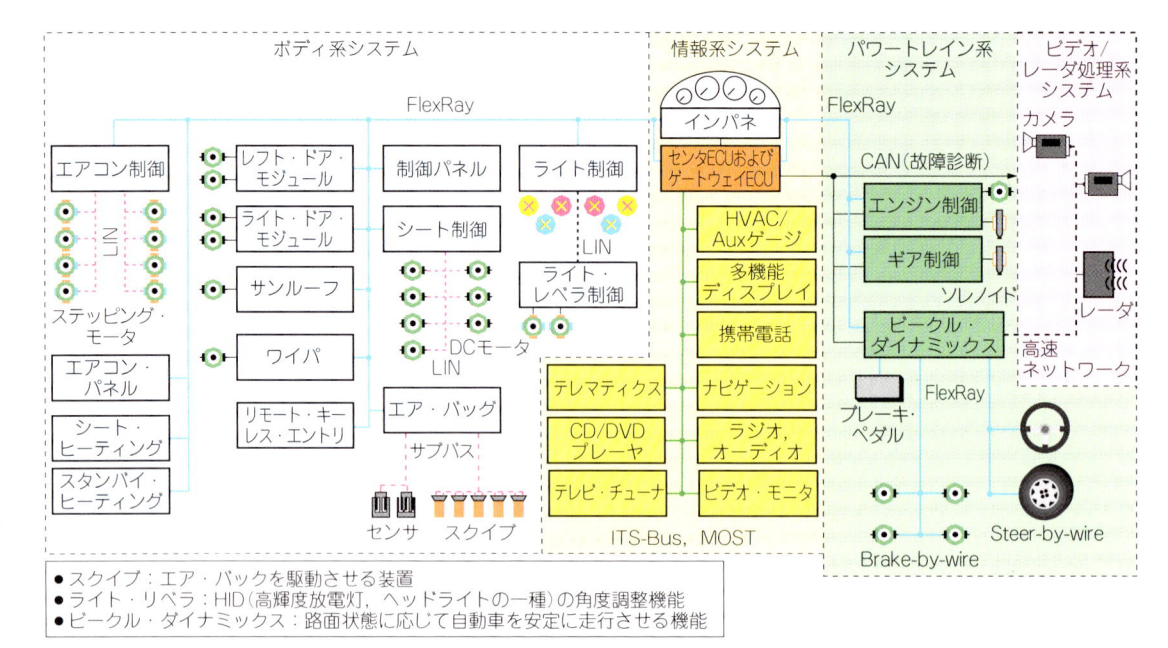

図2 将来の車載ネットワークの構成例
現在,主流となっているCANは,将来FlexRayに置き換わることが予想される.また,エア・バッグ・システム用の標準バスも提案されている.

- 可能な限り互換性を持たせる
- 量産のための高信頼性を確保する
- パワー管理を行えるようにする
- 適切なエラー検出と診断機能をサポートする

2) コストの最適化

- 異なる高速制御システムに適用できるようにする(X-by-wire,パワートレイン系を含む)
- ネットワーク・アーキテクチャに拡張性を持たせる(シングルチャネル,デュアルチャネル,またはそれらの混在)
- ノード・アーキテクチャに拡張性を持たせる(ローエンドの車種からハイエンドの車種まで)
- 既存の自動車部品を使用できるようにする

3) アプリケーション

高信頼性を得るため,具体的に次のような項目を定めました.

- 仕様で定められた帯域幅を決定論的なタイミング[注2]で達成する
- 過渡的な障害に対する高いロバスト(堅ろう)性を確保する

注2:FlexRayでは,あらかじめ交換するメッセージが時間で決定されているという意味.一方,CANのメッセージ交換は事象駆動(イベント・ドリブン)であるため,決定論的ではない.

第7章　FlexRayプロトコルを理解する

表1　技術面からの必要条件

項　目	内　容
プロトコル	1) データ転送 ● プロトコルは転送レートから独立（2チャネル×10Mbps，またはそれ以上） ● 異なった物理層（電気と光）に対応 ● 高効率 2) メディア・アクセス方式 ● 静的決定論的データ転送（静的セグメント） ● 動的時間駆動データ転送（動的セグメント） ● 静的セグメントと動的セグメントは干渉しない ● 帯域幅の割り当て ● 2チャネルを使って同じタイム・スロットでも異なったデータを送信 ● 違うチャネルでも異なったノードが同じタイム・スロットを使用 ● 静的セグメントのみ，動的セグメントのみ，または静的セグメントと動的セグメントの混在 3) 同期方法 ● 分散型時間駆動同期 　二つまでの非対称障害への耐障害性 　同期なしでも数サイクル動作する高いロバスト性 　帯域幅を効率良く使用するための高精度クロック同期 　外部クロック同期のサポート ● マスタ同期
トポロジ	1) アクティブ・スター（メッセージのルーティングを行うデバイス）の提供 2) アクティブ・カスケード・スター（アクティブ・スターを複数接続したもの）を使用したポイント・ツー・ポイント接続 3) パッシブ・サブバス（CANなどで利用されているネットワーク・トポロジのバス） 4) 無反射（ネットワークを電気的に見たとき，あるインピーダンスを持っている電線の終端をオープンにして信号を送ると，その2倍の電圧が発生することがある．このような反射が起こると，それに接続されている機器に障害が発生することがある） 5) 理想的な終端（反射を防ぐためにインピーダンスと同じ抵抗で終端する） 6) 定義された電気的環境（使用する環境を明確にする）
システム	1) 異なったトポロジ，異なったチャネルで異なった物理層をサポート 2) システム・レベルの障害耐性 ● デュアルチャネル ● ECUの冗長性
物理層	1) 10Mbpsのデータ転送速度 2) バスからのウェイクアップ/スリープ機能をサポート 3) パワー管理（スリープ・モード）のサポート 4) パッシブ・サブバスのスター 5) 自動車仕様のEMC要求への合致 6) バス・ガーディアン（エラー処理専用LSI）と通じたエラーの抑制
開発ツール	1) 開発する各種ノードのデータにアクセスするためのインターフェースを備えたスケジューリング設計ツール 　（ノード間の通信のスケジューリングを行うツール） 2) 分散システム向けの開発環境への適合 3) バス・モニタ 4) 障害のインジェクション

● アプリケーションは自動車の安全性/有用性に対してすべての責任を持つ

● アプリケーション内のデータの一貫性を保つ

● 通信レベルにおける最新の保護メカニズムを備える

　また，これらの要件を満たすための技術面からの必要条件は次のようになりました（表1）．

● プロトコル必要条件

● トポロジ必要条件

- システム必要条件
- 物理層の必要条件
- 開発ツール

　この分類をもとに，コンソーシアム内の要求グループが要求仕様書をまとめ，プロトコル・グループと物理層グループの手に渡り，各仕様書がまとめられました．その後，テスト・グループ，科学的証明グループ，FMEA (Failure Mode and Effects Analysis) グループが妥当性を検証し，上位のグループにフィードバックされました．

❷ FlexRayの要件に対する妥当性

　FlexRayのアーキテクチャは，下位から「トポロジ」，「(チャネル間の) インターフェース」，「プロトコル・エンジン」，「コントローラ・ホスト・インターフェース」，「ホスト」の五つのレベルで構成されています(図3)．このうち，トポロジ・レベルとインターフェース・レベルは物理層として，またプロトコル・レベルとコントローラ・ホスト・インターフェースはデータリンク層として位置づけられます．ホスト・レベルはマイクロプロセッサで実現されます．

　ここでは，これらのレベルにどのようにFlexRayコンソーシアムのコア・メンバから出された要求仕様が盛り込まれているのかを見てみましょう．

　なお，2005年10月現在，FlexRayプロトコル仕様の最新バージョンは2.1です．今後，変更や修正が加わるかもしれませんので，その点はあらかじめご了承願います．

● ローエンド車にもハイエンド車にも対応できるトポロジ

　FlexRayのネットワーク・トポロジを図4に示します．図を見てわかるように，バス型とマルチスター型の両方をサポートしています．また，バス型とスター型を組み合わせることも可能です．バス型はCANやLINでも採用されているので設計面での経験値が高く，コスト効率も良いのですが，あまり高速なデー

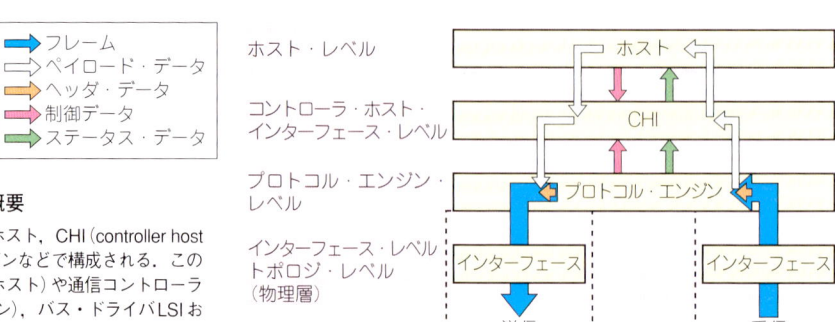

図3
FlexRayアーキテクチャの概要
FlexRayのアーキテクチャは，ホスト，CHI (controller host interface)，プロトコル・エンジンなどで構成される．このアーキテクチャは，マイコン (ホスト) や通信コントローラLSI (CHIとプロトコル・エンジン)，バス・ドライバLSIおよびバス・ガーディアンLSI (物理層) などで実現される．

第7章 FlexRayプロトコルを理解する

タ転送は行えません．そこで，高速データ転送やエラー制御を向上させたい場合，スター型トポロジを採用することになります．

また，FlexRayはシングルチャネル（単一チャネル）とデュアルチャネル（二重チャネル）に対応しています．ワイヤ・ハーネスの量も少なく，低コスト化を図る場合はシングルチャネルで，フォールト・トレランス（耐故障性）を上げたい場合はデュアルチャネルでネットワークを構築します．

このように，車種に応じてトポロジやノードの接続などを変えることができるため，開発コストや部品調達コストを抑えられます．

これは，コンソーシアムが自動車への必要条件として挙げた，ネットワーク・アーキテクチャの拡張性，ノード・アーキテクチャの拡張性，既存の自動車部品の使用などの要求を満足させます．

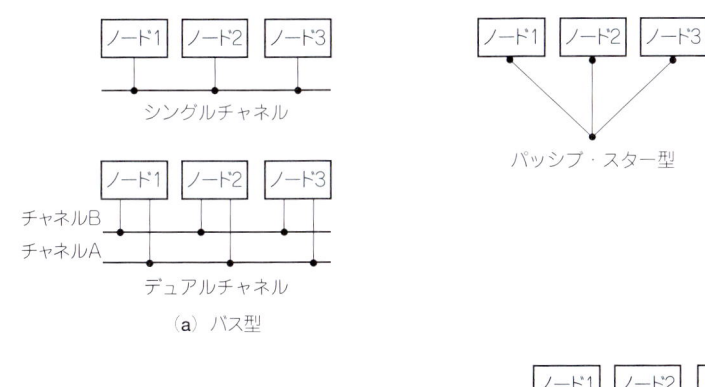

図4 FlexRayネットワーク・トポロジ
ローエンドからハイエンドの車種に対応できるように，バス型，スター型，バス・スター型混在のトポロジをとることが可能．

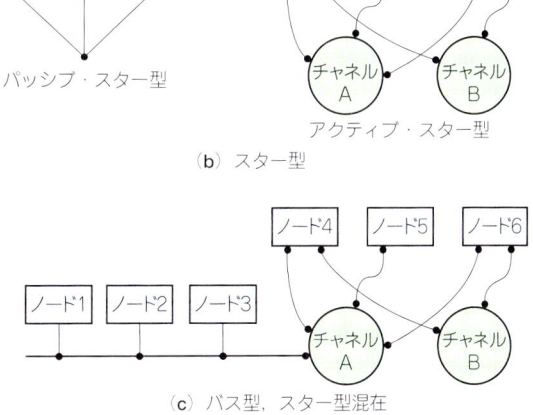

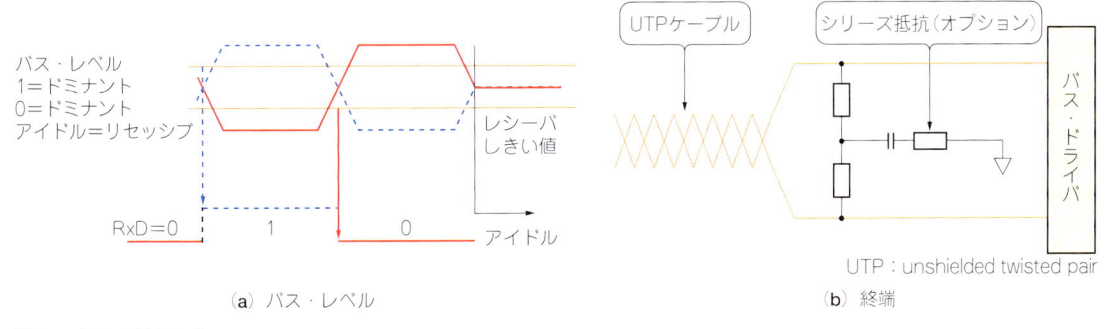

図5 バス・ドライバ
（a）はバス・レベルの状態，（b）は終端例を示す．

● インターフェース・レベルを実現するLSI

インターフェース・レベルで最初に市場に投入された製品は，ネットワークの媒体となる金属（メタル）線用のバス・ドライバ（PHY）LSIです（図5）．また，時間領域でエラーを検出し，エラーの封じ込めを行うバス・ガーディアン（BG）LSIも提供されました．バス・ガーディアンLSIによって，バスにエラーを出し続ける，いわゆる「バブル・イディオット」を防止できます．しかし，この機能は後述の「静的セグメント」しかサポートしません．これらのLSIは，例えばPhilips社から製品が発表されています．

コンソーシアムの要求では，データ転送速度は1チャネル当たり10Mbps以上であり，電気および光の二つの媒体に対応することになっています．光媒体に対応する時期についてはまだ明確になっていません．

● プロトコル・レベルの要求仕様を満たす三つの項目

表1のプロトコルの欄のメディア・アクセスの要求を満たすため，プロトコル・レベルでは，次のような項目が規定されています．

- フレーム・フォーマット——大きく，ヘッダ部（5バイト），ペイロード部（0～254バイト），トレーラ部（3バイト）からなる
- プロトコル・タイミング——タイム・トリガ（時間同期）方式の通信を行うように定められている
- プロトコル・サービス——メッセージ交換サービス，同期サービス，スタートアップ・サービス，エラー管理サービス，シンボル・サービス，ウェイクアップ・サービス，診断サービスを提供する

以下，これらについてもう少し詳しく説明します．

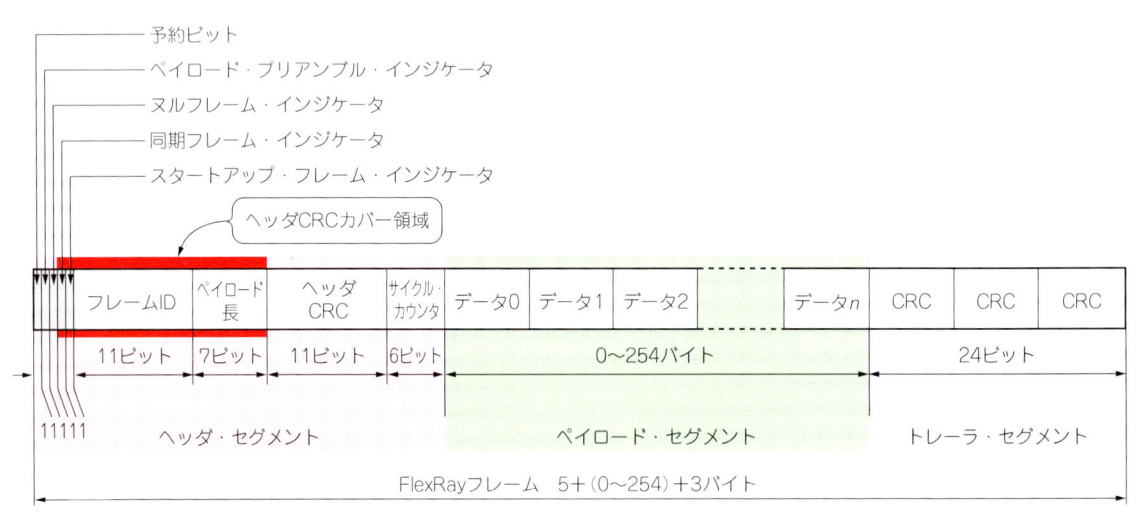

図6 FlexRayのフレーム構造

FlexRayのフレームは，ヘッダ・セグメント，ペイロード・セグメント，トレーラ・セグメントの三つのセグメントで構成されている．トレーラ・セグメントには，ヘッダ・セグメントとペイロード・セグメントをCRC計算したチェック・コードが入っており，フレーム全体のエラー・チェックの機能を果たす．

第7章 FlexRayプロトコルを理解する

● フレーム——フォーマットは一つだけ

FlexRayのフレーム構造は図6に示すように1種類だけ，CANのように何種類も定義されていません．

FlexRayのフレームは，ヘッダ・セグメント，ペイロード・セグメント，トレーラ・セグメントの三つのセグメントで構成されています．ペイロード・セグメントは，0～254バイトのデータのほか，オプションで16ビットのメッセージIDを挿入する場合もあります．

CRCをヘッダとフレーム全体に設けているのは，アプリケーション間で一貫性を持たせるためです．またFlexRayでは，CANのようにフレーム内にアクノリッジ（ACK）ビットを定義していません．もし，システム上必要であれば，アプリケーション・レベルで付加する必要があるでしょう．

● メディア・アクセス——フレーム送信を時間で規定

FlexRayのメディア・アクセス方式はLINと同じタイム・トリガです．つまり，あらかじめメッセージ送信についてスケジューリングされています．

FlexRayのメディア・アクセスにおいて，もっとも大きなアクセス単位はコミュニケーション・サイクルです（図7）．

このコミュニケーション・サイクルは，自動車のイグニッションがONになり，再度OFFになるまで繰り返されます．このサイクルが何サイクル繰り返されたかを確認するために，フレーム・フォーマットの中にあるサイクル・カウンタの6ビットが割り当てられています．このカウンタの使いかたは，システム設計を行うエンジニアが決定します．

アービトレーション・グリッド・レベルでは，実際にフレームが交換され，各スロットで一つのフレームが送信されます．前述の要求仕様にあったように，静的スロットやミニスロットだけ，あるいはこれらの両方で構成できます．各スロットは時間で管理され，競合することはありません．実際は，各レジスタをセットすることで実現します．

マクロティック・レベルは，各スロットをさらに分割した単位で同期サービスを提供します．マイクロティック・レベルは，マクロティックを分割した最小単位です．この単位もレジスタで構成されます．また，シンボル・ウィンドウ，ネットワーク・アイドル時間もいくつかのマクロティックで構成されています．

● 一つ一つのフレームを時間できちんと規定する方法

図8に示すように，コミュニケーション・サイクルは，STDMA（static time division multiple access）と呼ばれるアクセス方式を用いる静的セグメント，FTDMA（flexible time division multiple access）と呼ばれるアクセス方式を用いる動的セグメント，同期やエラー訂正などで用いられるネットワーク・アイドル時間（NIT）で構成されます注3．

注3：オプションとして「シンボル・ウィンドウ」が用意されている．スタートアップ時，ウェイク・アップ時などで使われる．

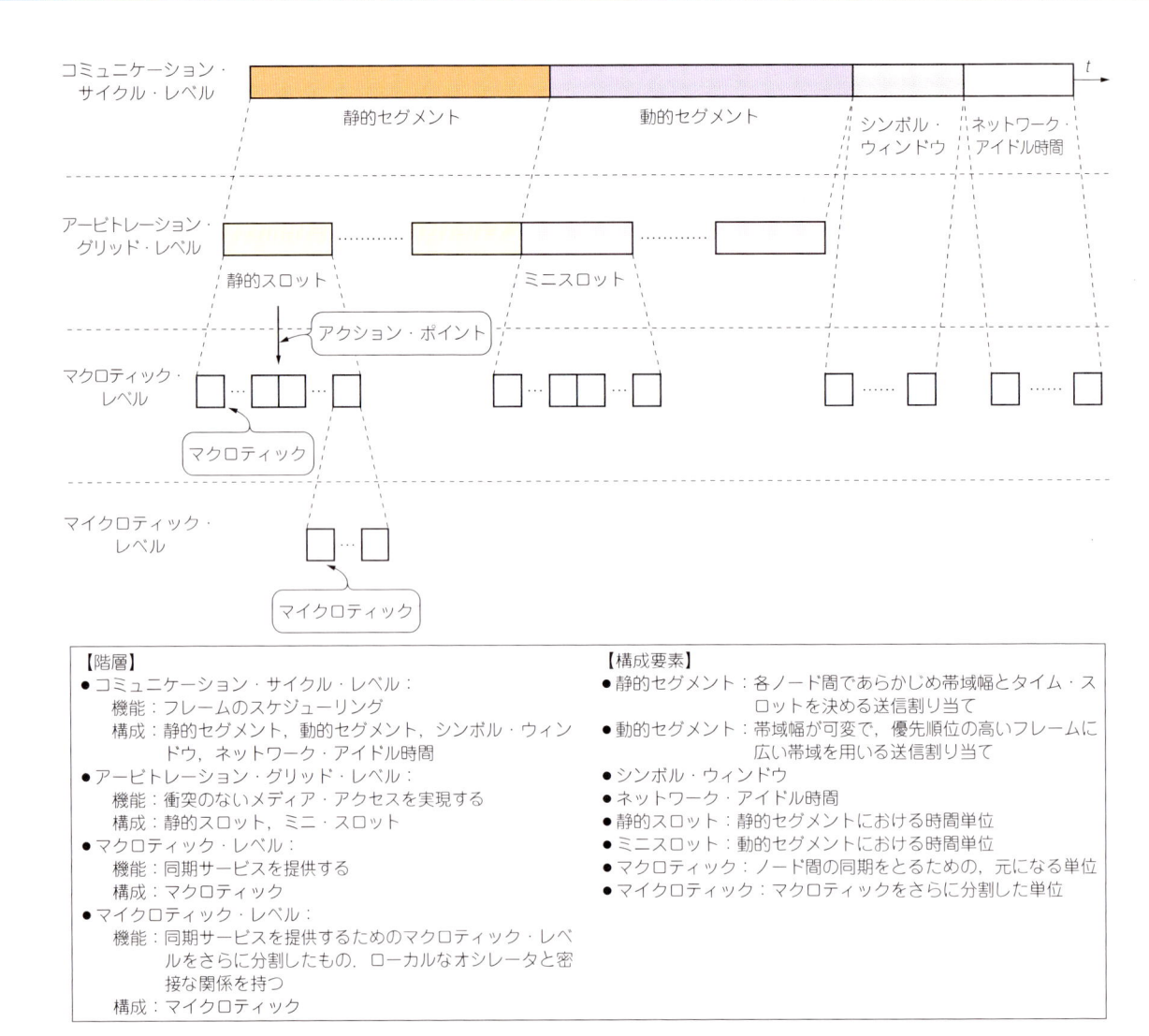

図7　メディア・アクセスの階層
メディア・アクセスの階層は，上位からコミュニケーション・サイクル・レベル，アービトレーション・グリッド・レベル，マクロティック・レベル，マイクロティック・レベルで構成される．

【階層】
- コミュニケーション・サイクル・レベル：
  - 機能：フレームのスケジューリング
  - 構成：静的セグメント，動的セグメント，シンボル・ウィンドウ，ネットワーク・アイドル時間
- アービトレーション・グリッド・レベル：
  - 機能：衝突のないメディア・アクセスを実現する
  - 構成：静的スロット，ミニ・スロット
- マクロティック・レベル：
  - 機能：同期サービスを提供する
  - 構成：マクロティック
- マイクロティック・レベル：
  - 機能：同期サービスを提供するためのマクロティック・レベルをさらに分割したもの．ローカルなオシレータと密接な関係を持つ
  - 構成：マイクロティック

【構成要素】
- 静的セグメント：各ノード間であらかじめ帯域幅とタイム・スロットを決める送信割り当て
- 動的セグメント：帯域幅が可変で，優先順位の高いフレームに広い帯域を用いる送信割り当て
- シンボル・ウィンドウ
- ネットワーク・アイドル時間
- 静的スロット：静的セグメントにおける時間単位
- ミニスロット：動的セグメントにおける時間単位
- マクロティック：ノード間の同期をとるための，元になる単位
- マイクロティック：マクロティックをさらに分割した単位

　静的セグメントの各スロット（静的スロット）は，一度長さ（時間）を決めたら，送信フレームの有無に関係なく一定です．一方，動的セグメントでは，フレームが送信されるときはスロット（ミニスロット）の長さが必要に応じて拡張されますが，送信フレームがない場合は最小のスロット幅となります．しかし，スロットの幅が変化しても動的セグメントの長さは固定です．また，ネットワーク・アイドル時間も固定です．このようにして，フレームのスケジューリングは，静的セグメントや動的セグメントによって自動的に実行されます．表1の要求仕様の中に，「2チャネルを使って同じタイム・スロットでも異なったデータ

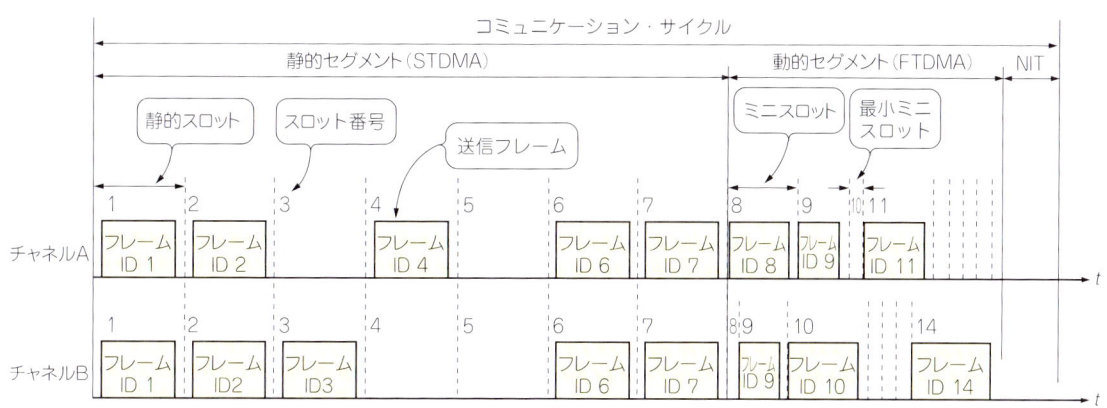

第7章 FlexRayプロトコルを理解する

図8 静的セグメントと動的セグメント

静的セグメント，動的セグメント，ネットワーク・アイドル時間（NIT）は，あらかじめ決められた長さに固定される．この図では，静的セグメントについてはチャネルAとチャネルBのデュアル送信時のすべてのパターン（チャネルA，B両方へのフレーム送信，片方へのフレーム送信，および送信なし）を表している．このとき，フレームのID番号とスロット番号は一致する．動的セグメントは静的セグメントと異なり，フレームごと，およびフレームの有無によってスロットの幅が変化する．動的セグメントにおいても，フレームのID番号とスロット番号は一致する．

を送信」，「違うチャネルでも異なったノードが同じタイム・スロットを使用」という項目がありましたが，これは以下のように実現しています．

静的セグメントでは，割り当てられた静的スロット番号とスロット・カウンタの値が一致するとフレームを送信するようになっています．一つのノードに複数の静的スロットを割り当てることが可能であり，かつ独自に割り当てられるため，フレームの衝突は起こりません．

一方，動的セグメントでは，各ノードに対してチャネルごとに動的にバンド幅を割り当てます．独自のフレームIDとミニスロット・カウンタの一致によって送信を行うため，衝突のないアクセスが可能となります．ただし，動的セグメントではバス・ガーディアンLSIの保護はありません．また，動的セグメントでは，優先順位の低いフレームの送信がこのセグメントに割り当てられた時間を超えた場合，送信されません．

なお，「フレームのスケジューリングは，静的セグメントや動的セグメントによって自動的に実行される」と述べましたが，これはあくまでも「システム設計者が設定（設計）したとおりに実行される」という意味です．では，このスケジューリングをどのように設定するのか，わかりやすく説明しましょう．

例えば，タイミング設計を行うとき，トップダウン的に考えた場合は，最初にコミュニケーション・サイクルの時間を決めます．ここでは，かりに1.0msと定義したとします（図9）．

次に，送信を静的セグメントだけで実行するか，動的セグメントだけで実現するか，またはその両方を用いるかを決めます．ここでは，わかりやすくするために，静的セグメントだけで構成します．今度は，静的セグメントをいくつのスロットで構成するかを決めます．アプリケーションを考えた結果，システム

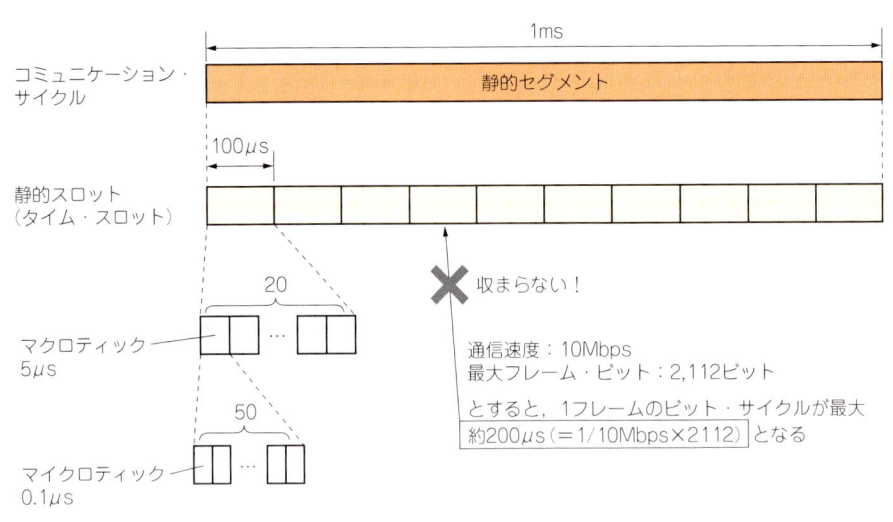

図9 タイミング設計の例
ここでは，静的セグメントのみを用いて送信する場合のタイミングの決定の方法を示す．

　設計者が「10スロットで構成する」と決めた場合，1スロットに$100\mu s$（$=1ms\div10$）が割り当てられます．このスロットを，今度は20のマクロティックで構成することにしました．すると，1マクロティックは$5\mu s$（$=100\mu s\div20$）となります．そして，この1マクロティックを50のマイクロティックで構成します．そうすると，1マイクロティックは$0.1\mu s$になります．これでタイミングの構成が終わります．

　ここで，このネットワークを最大通信速度の10Mbpsで使用したいのですが，よく考えてみると，フレームの最大長は2,112ビットなので，1スロットに収めるためにはメッセージの長さを制限しなければなりません．これは，システム設計者がこのアプリケーションから必要なメッセージの長さを算出し，1スロットに収まるように決めます．これらを決めてしまえば，あとは通信コントローラLSI内のレジスタを設定すれば実現できます．

　動的セグメントだけ，あるいは両方のセグメントで構成する場合も，コミュニケーション・サイクルが決まれば，おのずとその下位のレベルが決まってきます．コミュニケーション・サイクルはアプリケーションのリアルタイム性によって決まってきます．

　このように，FlexRayでは，一つ一つのフレームの送信をあらかじめ定められた時間で（決定論的に）制御することが可能です．

● **エラー検出と処理──基本は「通信継続」**

　図10にFlexRayの仕様で定められている通信コントローラLSIの内部状態遷移の概要を示します．

　図10において，通信コントローラLSIがパワーONすると，まず通信コントローラ自身のコンフィグレーション（初期設定）を行います．その後，ホスト（マイコン）によるノードとしてのコンフィグレーション

図10
通信コントローラの内部状態遷移の概要
FlexRayの仕様で定められている通信コントローラの内部状態遷移を一部抜粋したものを示す．

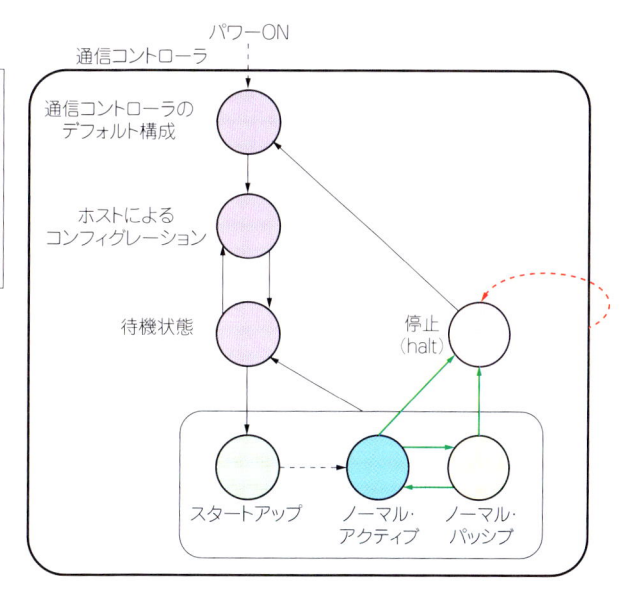

を行い，これが終了すると待機状態に遷移します．スタートアップは通信の準備を行う状態ですが，準備が終了するとノーマル・アクティブ状態となって通常の通信を実行します．なんらかのエラーが発生したり，同期がとれなくなったときなどはノーマル・パッシブ状態に遷移することがあります．ノーマル・パッシブ状態に入ったとき，そのノードが送信中であればフレームの送信を中止します．受信中であれば，フレームの受信を継続します．クロック同期も継続しており，問題がなければノーマル・アクティブに戻ります．

なお，FlexRayでは，各ノードがエラー・カウンタを備えています．このカウンタ値によって（ただし，カウンタのしきい値は仕様で定義されていない）ノーマル・アクティブとノーマル・パッシブの状態を行き来します．

致命的なエラーを検出した場合は，停止状態（halt）に遷移しますが，FlexRayプロトコルではエラーに関する処理を詳細に規定しておらず，基本的には多少エラーが発生しても通信を継続するようになっています．通信を中止する決定は，プロトコルでではなくホストのアプリケーションで判断するように考えられています．

CANでは，不ぐあいノードがネットワーク上に異常な信号を出し続けた場合の不ぐあいノードの封じ込めをプロトコルで処理しますが，FlexRayでは専用LSI（バス・ガーディアン）によって実現します．

● 同期——コミュニケーション・サイクルごとに同期訂正

クロック同期はFlexRayにとってとても重要です．クロック同期には，オフセット訂正（位相訂正）とレート訂正（周波数訂正）の2種類があります．

各ノードの同期は，マクロティックをもとに実行されます．マクロティックとは，スロット（静的スロット・ミニスロット）やネットワーク・アイドル時間などを構成する時間単位です．コミュニケーション・サイクルごとに各ノード間のオフセットや経年変化による遅延誤差をこのマクロティックを用いて測定します．そして，次のコミュニケーション・サイクルで，マクロティックよりさらに細かい時間単位のマイクロティックで訂正します．
　こうして同期が持続できるようにしています．

● **新しいプロトコルに対応した通信コントローラの開発が進んでいる**

　なお，筆者ら（米国Freescale Semiconductor社）はFlexRayのデータリンク層を実現する通信コントローラLSIを開発しています．

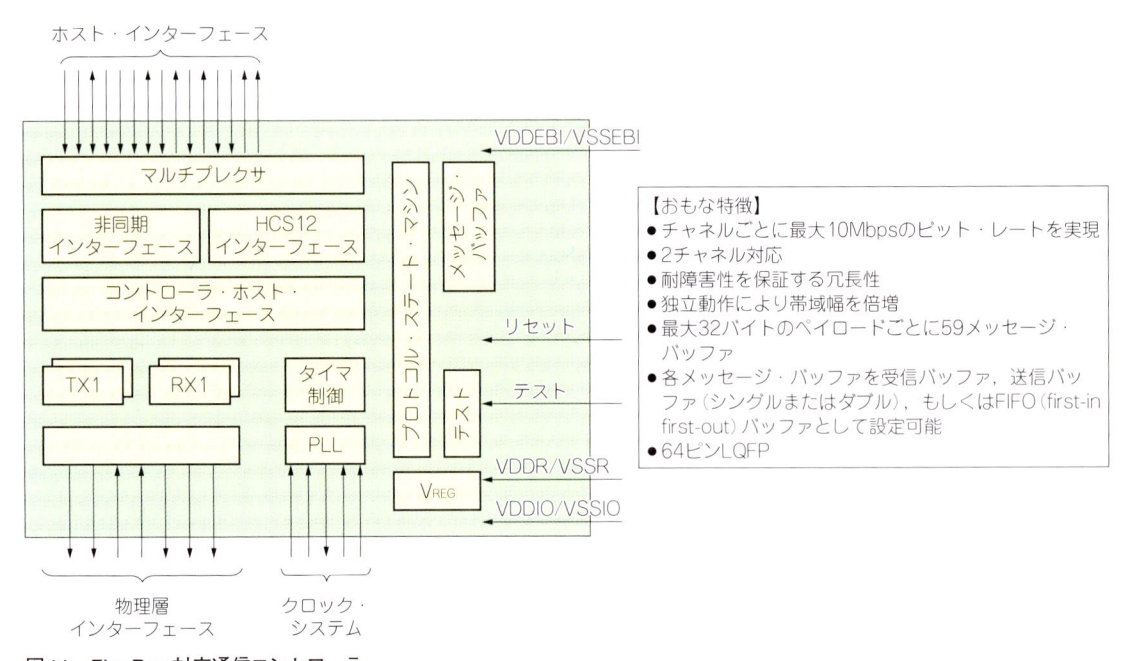

　例えば，2003年第4四半期には，FlexRay対応通信コントローラLSI「MFR4100」のエンジニアリング・サンプルの出荷を開始しました．本コントローラは，筆者らの32ビット「PowerPC」コアを搭載したRISCマイコンと16ビットCSICマイコン「HCS12」のインターフェースのみをサポートしています．

　MFR4100の対応プロトコルはFlexRayバージョン0.8でしたが，現在はその後継としてバージョン1.9に準拠した「MFR4200」が量産出荷されています（**図11**）．この通信コントローラLSIは，基本的にはCANコントローラLSIをアクセスするときにレジスタをアクセスするのと同じような使いかたをします．つま

図11　FlexRay対応通信コントローラ
Freescale Semiconductor社のFlexRay対応通信コントローラLSI「MFR4200」の内部ブロック（概略図）と特徴を示す．

り，FlexRayの通信コントローラLSIの中にはレジスタで構成されたメモリ・マップがあり，各種のコントロール・レジスタやステータス・レジスタ，送信バッファ，受信バッファ，IDフィルタ，クロック同期の設定などがマッピングされています．

今後，2005年末にはFlexRayプロトコルのバージョン2.1に対応した通信コントローラLSI「MFR4300」の出荷を開始する予定です．

FlexRayのプロトコルの動きを理解して，通信コントローラのレジスタの構成とその機能がわかれば，扱いはそれほど難しくありません．

参考・引用＊文献

(1)＊ Christopher Temple；"Protocol Overview"，FlexRay International Workshop USA，March 2003．
(2)＊ Claas Bracklo；"Automotive Application Requirements"，FlexRay International Workshop USA，March 2003．
(3) 佐藤道夫；10Mbpsのデータ転送速度を実現する車載ネットワークFlexRay，Design Wave Magazine，2003年8月号，pp.100-109．
(4)＊ FlexRay Consortium；FlexRay Communication System Protocol Specification Version 2.1，May 2005．

第8章
FlexRayプロトコルを実装する
――実設計に即した仕様書の解釈

本章では，2005年5月に公開されたFlexRayプロトコルのバージョン2.1をもとに，仕様の解釈や実装方法を解説する．FlexRayに対応したネットワーク・システムを開発する際の重要な項目として，トポロジ，ノード数，リアルタイム性，ネットワーク速度，フォールト・トレラント機能，最大データ・サイズ，フレーム形式が挙げられる． (編集部)

1 トポロジとメディア・アクセス方式

　FlexRayコンソーシアムは2000年に発足しました．FlexRayは，「車載LANの高速化」という市場要求に対応するために策定されている規格です．データ転送速度は最大10Mbpsとされており，現在パワートレイン系に採用されている500kbpsのCAN-C（高速CAN）を置き換えることが予想されます．また，ドイツのBMW社やDimler Chrysler社，米国General Motors社など，世界の大手自動車メーカがコンソーシアムに参加したこともあり，これからの車載制御ネットワーク・プロトコルとして注目されています．とくに日本では，トヨタ自動車や日産自動車，本田技研工業，マツダなどのおもだった自動車メーカが参加し，さらにFlexRayの標準化が加速しました（**表1**）．

　筆者は，機会があるごとにFlexRayプロトコルの概要を各種の技術誌およびセミナなどでお話ししてきました．2004年7月にバージョン2.0が，また2005年5月にはバージョン2.1が公開されたことで，ようやく実装まで含めた詳細を話せるようになりました．本章では，このバージョン2.1の内容を中心に，実設計を視野に入れた仕様の解釈と実装方法について説明していきたいと思います[注1]．

注1：なお，仕様書に修正が加えられることがあるため，実際に設計する際には最新の情報をFlexRayコンソーシアム（http://www.flexray-group.org/）から入手していただきたい．

表1 FlexRayコンソーシアムの組織

2005年9月末現在のメンバ．2003年末から2004年の初めにかけて，日本を代表する自動車メーカであるトヨタ自動車や日産自動車，本田技研工業がプレミアム・アソシエイツ・メンバとして入会した．今後は各自動車メーカがどのようなアプリケーションでFlexRayを搭載するかが注目される．なお，最近のメンバについてはFlexRayコンソーシアムのホームページ（http://www.flexray-group.org/）を参照．

コア・メンバ(7社)	BMW社，Bosch社，DaimlerChrysler社，Freescale Semiconductor社，General Motors社，Royal Philips Electronics社，Volkswagen社
プレミアム・アソシエイツ・メンバ（13社）	ContiTeves社，Delphi社，デンソー，Fiat社，Ford Motor社，本田技研工業，Hyundai社，マツダ，日産自動車，PSA Peugeot Citroën社，Renault社，トヨタ自動車，Tyco Electronics社
アソシエイツ・メンバ(65社)	アドバンスド・データ・コントロールズ，アイシン精機，Alpine Electronics社，AMI Semiconductor社，Atmel社，austriamicrosystems社，Avidyne社，BERATA社，BerTrandt社，カルソニックカンセイ，EADS社，Elmos Semiconductor社，EPCOS社，ESG社，Esterel Technologies社，Europspace社，富士通，富士通テン，Haldex社，Hella社，日立電線，日立製作所，Hyundai Autonet社，IAV社，Infineon Technologies社，IPETRONIK社，iRoC Technologies社，いすゞ自動車，三菱電機，村田製作所，NECエレクトロニクス，日本精機，NSKステアリングシステムズ，岡谷エレクトロニクス，沖電気工業，Pacifica Group Technologies社，Porsche社，Preh社，ルネサス テクノロジ，RWTÜV社，SCANIA社，Siemens VDO Automotive社，SP社，STMicroelectronics社，富士重工業，住友電工，サニー技研，スズキ，Tata Elxsi社，TDK，Texas Instruments社，ThyssenKrupp Automotive Mechatronics社，TNI Software社，東海理化，豊田通商，TRW Conekt社，Valeo社，Verifica社，Visteon社，Volke社，Würth Elektronik社，Xilinx社，ヤマハ発動機，矢崎，横河電機
デベロッパ・メンバ(43社)	3SOFT社，ARC Seibersdorf research社，Berner & Mattner Systemtechnik社，C&S社，Cadence Design Systems社，CANway Technology社，CapeWare社，Cardec社，cbb software社，CRST社，Dearborn Group社，DECOMSYS社，dSPACE社，ETAS社，FIZ社，GIGA TRONIK社，GÖPEL electronic社，Hitex Development Tools社，IMD社，Intrepid Control Systems社，IXXAT社，K2L社，Kleinknecht Automotive社，Lauterbach Datentechnik社，Micron Electronic Devices社，MicroSys社，Mirabilis Design社，Mission Level Dsign社，National Instruments社，NSI社，proTime社，SEDES Special Electronic Design社，Softing社，SystemA Engineering社，TECWINGS社，Tektronix社，トヨタマックス，TTAutomotive社，TZM社，Vector社，Volcano Automotive社，Warwick Control Technologies社，Weise社

1.1 仕様の構成と方向性

　FlexRayプロトコルのバージョン2.1はFlexRayコンソーシアムのWebサイト（http://www.flexray-group.org/）からダウンロードできます．プロトコル仕様書は全9章に加え，付録A，Bからなっており，200ページ強のボリュームがあります．また，仕様の記述はSDL（Specification and Description Language）をベースとしています．なお，FlexRayでは本章で取り上げるプロトコル仕様書のほかに，「電気的物理層仕様書」と「電気的物理層のアプリケーション・ノート」も発行されています（バス・ガーディアンの仕様書は保留となった）．

　本章では，FlexRayの仕様書について極力日本語に訳して説明しますが，中には英語の表現をそのまま流用することがあります．とくにパラメータはそのまま表記していきます．これは，設計時には基本的に英語版の仕様書が基準になるので，ここで取り上げる内容や表現が読者のみなさんに誤解を与えることがないようにするためです．

　なお，本章ではプロトコル仕様書の内容をすべて取り上げるわけではありません．設計するうえで基本となる項目や，仕様書を読んだだけではわかりにくい項目などを重点的に解説します．

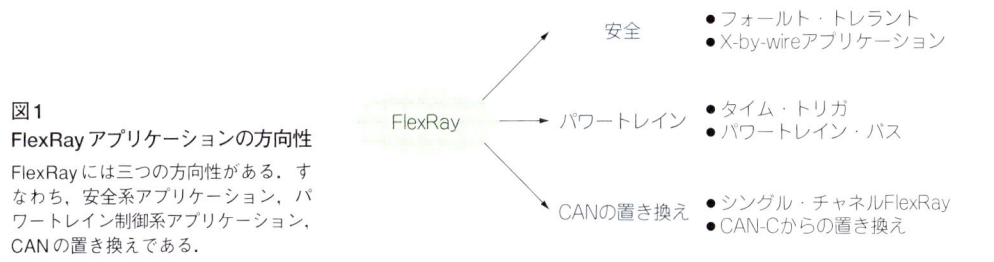

第8章　FlexRayプロトコルを実装する

図1　FlexRayアプリケーションの方向性
FlexRayには三つの方向性がある．すなわち，安全系アプリケーション，パワートレイン制御系アプリケーション，CANの置き換えである．

FlexRay
- 安全
  - フォールト・トレラント
  - X-by-wireアプリケーション
- パワートレイン
  - タイム・トリガ
  - パワートレイン・バス
- CANの置き換え
  - シングル・チャネルFlexRay
  - CAN-Cからの置き換え

● FlexRayのターゲット・アプリケーション分野は三つ

　現在，自動車は世界的に普及しています．このため，環境保護の観点からより精密な制御が要求されるようになりました．これを実現するために，自動車内の制御は機械的制御から電子的制御へと着実に移行しています．また，安全面から新しいアプリケーションが登場し始めています．例えば，エア・バッグに代表される衝突時における乗員の傷害を軽減することを目的とした「パッシブ・セーフティ」に加えて，自動車の衝突そのものを回避することを目的とした「アクティブ・セーフティ」が搭載されるようになりました．
　FlexRayは，図1に示すように現在のところ三つの方向性が考えられています．最初に市場に投入されるのは，おそらくCAN-Cの置き換えのアプリケーションだと思われます．

1.2　ネットワーク設計の要件を決める

　ネットワークのシステム設計に必要なおもな項目を以下に挙げます．このほかにもいろいろありますが，これでクラスタ注2の大まかな仕様を決めることができます．
- トポロジ
- ノード数
- リアルタイム性
- ネットワーク速度
- フォールト・トレラント（耐故障性）機能
- 最大データ・サイズ
- フレーム形式

　こうした項目について，FlexRayネットワークではどのように仕様が決められているのでしょうか．それを本章では詳しく説明していきます．

注2：クラスタは，複数のノード（ECU：electronic control unit）の集まりを指す．

● トポロジは「バス型」,「スター型」,「混載型」に対応

　自動車の場合,大型車,中型車,小型車,商用車,乗用車などさまざまな形状があります.ここにネットワークのワイヤを設置しようとすると,柔軟性が要求されます.この要求にこたえるため,FlexRayのトポロジは,バス型(図2),スター型(図3),バスとスターの混載型(図4)に対応しています.

　電気的物理層の仕様では,バス型では1チャネル当たりのノード間のポイント・ツー・ポイントのバスのワイヤ長は最大24m(lBus = 24m Max),ノード数は最大22ノード(nStubNodes = 22 Max)となっています.また,隣り合う二つのノードの距離は最小150mm(lStubDistance$_{M,N}$ = 150mm Min)に規定されています.

　スター型には,パッシブ・タイプとアクティブ・タイプの2種類があります.パッシブ・スター型は基本的にバス型と同じ考えかたですが,lStubDistance$_{M,N}$がゼロになったものをFlexRayの仕様ではパッシブ・スター型と位置づけています.パッシブ・スター型でポイント・ツー・ポイント接続を考えた場合,ワイヤ長は最大24m(lPassive Star$_N$ + lPassiveStar$_M$=24m Max),ノード数は最大22ノード(nStarNode = 22 Max)です.

図2
バス型トポロジ
バス型では,1チャネル当たり,ノード間のポイント・ツー・ポイントのバスのワイヤ長は最大24m(lBus＝24m Max),ノード数は最大22ノード(bStubNodes＝22 Max),二つのノードの距離は最小150mm(lStubDistance$_{M,N}$＝150mm Min)に規定されている.

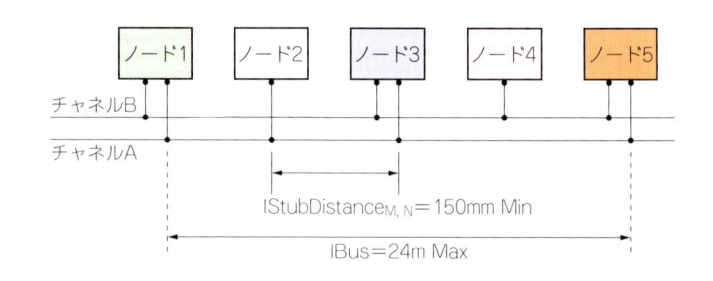

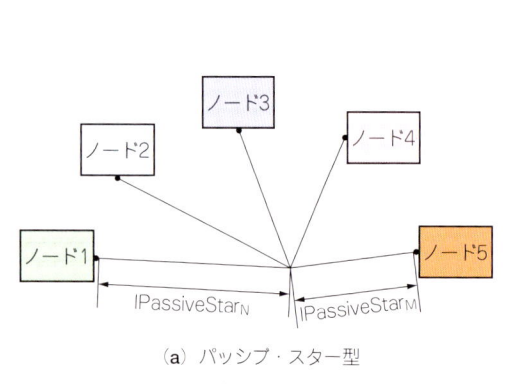

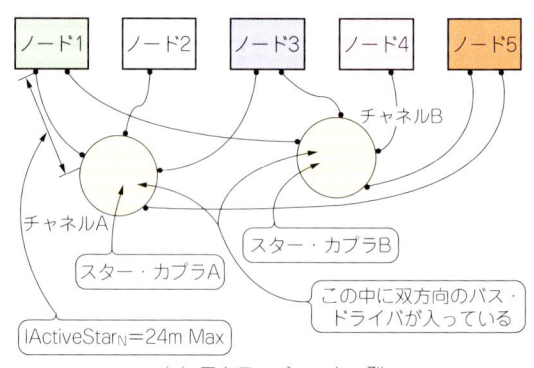

(a) パッシブ・スター型　　(b) アクティブ・スター型

図3　スター型トポロジ
スター型のトポロジには,パッシブ・タイプとアクティブ・タイプの2種類がある.

一方，アクティブ・スター型は，図3(b)に示すように各ノードを「スター・カプラ」と呼ばれる装置で接続しています．ワイヤ長は最大24m（IActiveStar$_N$ = 24m Max）ですが，これはノード間ではなく，ノードとスター・カプラの距離です．アクティブ・スター型にはバス・ドライバ機能が備わっており，これによって最大24mのワイヤ長を実現しています．また，アクティブ・スターに接続されるノード数はバス・ドライバの数に依存するため，最大接続数はとくに規定されていません（アクティブ・スター型トポロジの詳細は，電気物理層仕様書 第9章を参照のこと）．

図3(c)は，アクティブ・スターを複数接続した例です．FlexRayではカスケード接続が仕様化されており，最大二つ（nStarPath$_{M, N}$ = 0 Min，2 Max）のアクティブ・スターをカスケード接続できます．アクティブ・スター間のワイヤ長は最大24m（IStarStar = 24m Max）です．

図4のバスとスターの混載型のトポロジにおける電気的物理層は，前述したバス型とスター型の仕様に準じます．

ちなみに，FlexRayプロトコル仕様書では1クラスタの最大ノード数は64ノード（cControllerMax = 64）と規定されています．プロトコル仕様書と電気的物理層仕様でノード数が異なるのは，一つにはプロトコルが物理層に依存しないように仕様化されているからです．例えば，今後64ノードを駆動できるバス・ドライバが出現したとしても，現在のプロトコルでこれを実現できるものと思います．

● **リアルタイム性を理解するにはまずアクセス方式から**

次に，リアルタイム性について考えましょう．ここでは，ブレーキ・システムを例に挙げて説明します（図5）．

運転者がブレーキ・ペダルを踏み込んで自動車が停止するまで，あるいは運転者の所望する速度になる

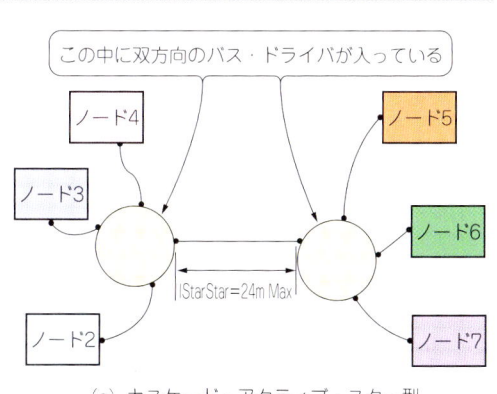

(c) カスケード・アクティブ・スター型

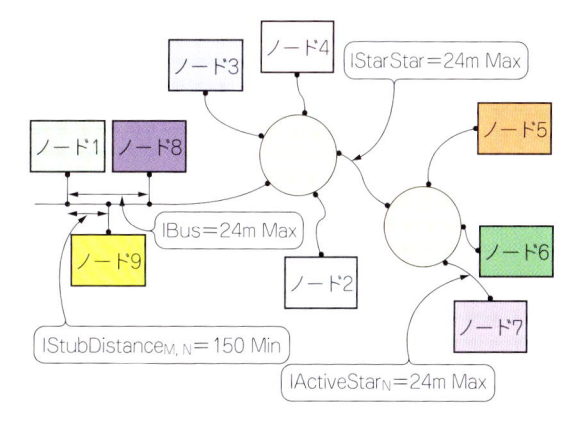

図4 バスとスターの混載型のトポロジ
このトポロジの電気的物理層は，前述したバス型とスター型の仕様に準じる．

図5
Brake-by-wireのアプリケーション例
X-by-wire技術は，パワートレイン系を従来の機械的制御から電子的制御へ転換させる．X-by-wireのアプリケーションの一つとして，油圧ポンプではなく電気信号を用いてブレーキ制御を行うBrake-by-wireがある．図の中で，薄い灰色の四角はペダルやタイヤを制御するノード（ECU）を，濃い灰色の四角はゲートウェイを表す．

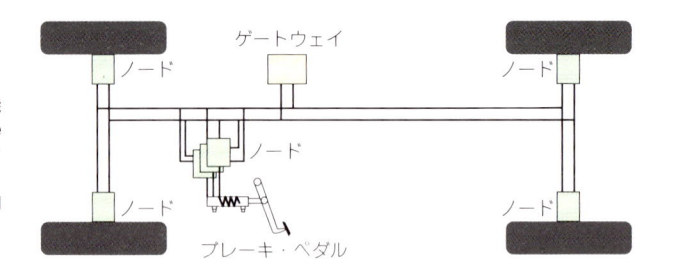

図6　OSI参照モデルの7階層
どの階層までを保証するかによって，リアルタイム性の定義が異なってくる．本章では，アプリケーション層まで含めてリアルタイム性を考える．

までが，ブレーキ・システムのリアルタイム性と考えることができます．なお，本章ではリアルタイム性を「アプリケーション層の実行からアプリケーション層の実行までの時間」と定義します．このネットワークのリアルタイム性については，OSI（Open System Interconnection）参照モデルの7階層のどこまでを保証するかで考えかたが変わってきます（**図6**）．制御対象によってアルゴリズムが異なるため，アプリケーションの実行時間は変化に富んでいます．そのため，ネットワーク・プロトコルのリアルタイム性を議論するとき，アプリケーション層を含めないこともあります．しかし，実使用を考えると，アプリケーション層までを含めることによってネットワーク速度やクラスタの規模などの仕様がおのずと決まるものだと筆者は考えます（なお，ネットワークのリアルタイム性を考えるとき，パケットが確実に送受信できるかどうかについて検討する必要があるが，これについては本章の「3．受信ノードにおけるデコーディング」

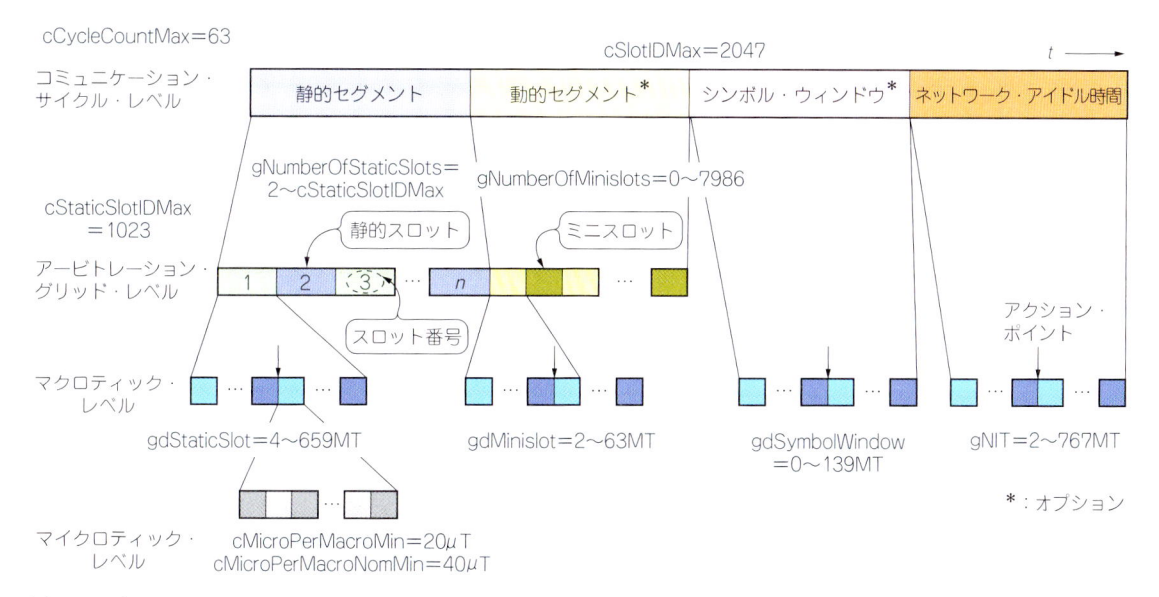

図7 メディア・アクセスの階層
FlexRayのメディア・アクセス方式は4階層に分かれている．

で解説する）．

さて，このリアルタイム性を考えるうえで重要になるのがメディア・アクセス方式です．これを十分理解しておかなくてはなりません．

1）コミュニケーション・サイクル・レベル

図7に示すように，FlexRayのメディア・アクセス方式は4階層に分かれています．最大のアクセス単位はコミュニケーション・サイクルです．あるノードが一度データを送信し，再度データを送信するためのスロットを得るまでの時間はこのコミュニケーション・サイクルで決まります．まず，コミュニケーション・サイクルをどのくらいの時間にするのかを考えなくてはなりません．

例えば，図5のブレーキ・システムは八つのノードで構成されているとします．その内訳をペダル・ノードが三つ，車輪のノードが四つ，ゲートウェイ・ノードが一つとしましょう．そして，このブレーキ・システムのコミュニケーション・サイクルを1msと決めます．これは言い換えると，1msごとにペダルのステータス（状況）を四つの車輪ノードに送信し，各車輪のステータスも最悪1ms以内に把握できるようにするということです．

FlexRayのプロトコル仕様では，コミュニケーション・サイクル時間は最大16ms（cdCycleMax = 16,000μs）となっています．また，1コミュニケーション・サイクルにおけるマクロティック（詳細は後述）の設定範囲は10～16,000（gMacroPerCycle = 10～16000MT）と規定されています．各ノードはこのコミュニケーション・サイクルのカウンタを持っています．このカウンタの最大値は63（cCycleCountMax = 63）で

す．この最大値を超えると0に戻り，再度カウントアップします．

　コミュニケーション・サイクル・レベルは，静的セグメント，動的セグメント，シンボル・ウィンドウ，ネットワーク・アイドル時間から構成されています．静的セグメントと動的セグメントは送信フレームのスケジューリングを行います．また，シンボル・ウィンドウは，スタートアップ時，ウェイク・アップ時などでオプションとして使われます．ネットワーク・アイドル時間は重要な役割を持っており，クロック同期のオフセットや伝送速度の計算，エラー訂正などに使用されます．なお，動的セグメントとシンボル・ウィンドウはオプションになっています．

2) アービトレーション・グリッド・レベル

　次は，アービトレーション・グリッド・レベルです．このレベルは，衝突のないメディア・アクセスを実現するためのものです．構成要素としては，静的スロット（静的セグメント）とミニスロット（動的セグメント）があります．

　図8に，静的セグメントの構造を示します．図のように，送信フレームはあらかじめスケジューリングされています．チャネルAとチャネルBの各ノードは，スロット・カウンタの状態変数を管理しています．この両方のスロット・カウンタは各コミュニケーション・サイクルの開始時に'1'に初期化され，各スロットの終了境界で+1（インクリメント）されます．

　静的スロットの番号（gNumberOfStaticSlots）は，2～cStaticSlotIDMaxの範囲でセットされます．なお，cStaticSlotIDMaxは静的スロットIDの最高位であり，1,023の値をとります．

　図8は，チャネルA，チャネルBの二つを送信する際のすべてのパターンを表しています．例えば静的スロット1の場合，両方のチャネルにフレームが送信されます．また，静的スロット2ではチャネルAにだけフレームを送信し，静的スロット3ではどちらのチャネルにもフレームは送信されていません．

　前述したように，静的スロットは各コミュニケーション・サイクルの開始で'1'に初期化されますが，これはスロット番号とフレームIDが一致するようにするためです．'0'に初期化されないことにも意味があ

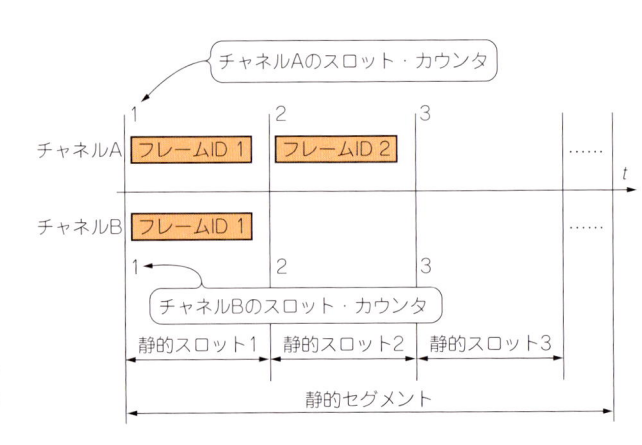

図8
静的セグメントの構造
スロット番号とスロット・カウンタの状態変数が一致すると，フレームを送信する．

第8章　FlexRayプロトコルを実装する

ります．フレームIDは11ビットありますが，「'0'は無効」と定義されているのです．

　静的セグメント内のすべてのコミュニケーション・スロット[注3]は静的にコンフィグレーションされ，そのスロットの時間は等しく，フレームの長さも等しくなります．さらに静的スロットは以下の制約を持っています．

- 同期フレームは接続されているすべてのチャネルに送信されるものとする
- 同期フレーム以外のフレームは，A，Bどちらかのチャネル，または両方のチャネルに送信される．
- 一つのノードだけが所定のチャネルに対して所定のフレームIDで送信するものとする
- クラスタがシングル・スロット・モード[注4]に設定されたときは，すべての非同期ノードはシングル・スロット・フレームとしてフレームを明示するものとする．

　なお，図9に示すFlexRayのフレーム・フォーマットの中の，同期フレーム・インジケータが'1'となったとき，そのフレームを同期フレームとします．

　図10に，動的セグメントの構造を示します．静的セグメントとは異なり，フレーム長の変化に応じてコミュニケーション・スロット（ミニスロット）も変わります．ミニスロット数は最大7,986と規定されてい

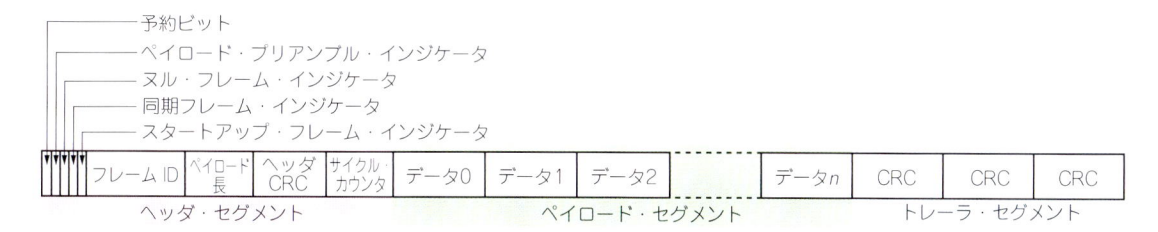

図9　FlexRayフレームの概要
FlexRayのフレームは，ヘッダ・セグメント，ペイロード・セグメント，トレーラ・セグメントの三つのセグメントで構成されている．

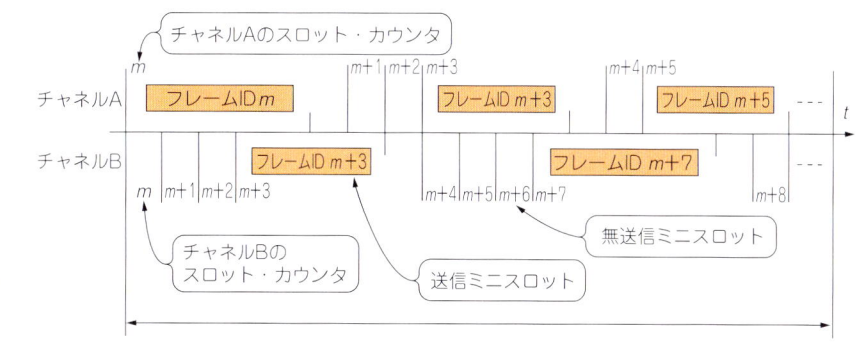

図10
動的セグメントの構造
フレームIDとスロット・カウンタの状態変数が一致すると，フレームを送信する．

注3：コミュニケーション・スロットは，実際に通信を行う（フレームを送信する）スロットのこと．静的セグメントでは静的スロットを，動的セグメントではミニスロットを指す．
注4：シングル・スロット・モードは，スタートアップのプロセスで使用されるモード（pSingleSlotEnabled = Boolean）．

ます（gNumberOfMinislots=0〜7986）．

　ここで注意しなければならないことがあります．それは，静的セグメントと動的セグメントを通じてのID番号の最高位（cSlotIDMax）が2,047であるということです．つまり，ミニスロット数が最大7,986だとしても，最高位のID番号の2,047で規制されてしまいます．

3）マクロティック・レベル

　マクロティック・レベルは，同期サービスを提供する機能を備えています．構成要素はマクロティック（MT）と呼ばれます．一つの静的スロットにおけるマクロティック設定範囲は4MT〜659MT（gdStaticSlot）と決められています．また，ミニスロットでは2MT〜63MT（gdMiniSlot），シンボル・ウィンドウでは0MT〜139MT（gdSymbolWindow），ネットワーク・アイドル時間では2MT〜767MT（gdNIT）と規定されています．

4）マイクロティック・レベル

　マクロティック・レベルをさらに細かく分割したのがマイクロティック・レベルです．構成要素はマイクロティック（μT）と呼ばれます．1マクロティックを構成するマイクロティックの公称値は40μT〜240μTになっています（pMicroPerMacroNom = cMicroPerMacroNomMin〜240μT）．1μTは1，2，4サンプルで構成されます（pSamplesPerMicrotick = 1，2，4）．仕様では，サンプリング・クロック時間が0.0125μs〜0.05μs（gdSampleClockPeriod = 0.0125，0.025，0.05μs）と規定されていますが，これはFlexRay通信コントローラの動作周波数に関係します．

● 通信コントローラの動作周波数を決める

　さて，ここからは図5のブレーキ・システムを例にとって，上記のメディア・アクセスの割り当てを行っていきましょう．

　図5のブレーキ・システムでは八つのノードを配置しました．また，コミュニケーション・サイクル時間を1msとしました．次に，以下のようにコミュニケーション・サイクル・レベルの各セグメントの時間を割り当てることにしましょう（図11）．これを合計すると1,000μs（1ms）になります．

- 静的セグメント = 600μs
- 動的セグメント = 240μs
- シンボル・ウィンドウ = 60μs
- ネットワーク・アイドル時間 = 100μs

　なお，上記に示した数値は説明をわかりやすくするために設定したものであり，実際のブレーキ・システムに基づく値ではありません．実際のBrake-by-wireアプリケーションでは，走行速度や制動距離（ブレーキが利き始めてから自動車が停止するまでの距離），ブレーキ量の伝達などを考慮してネットワークのリアルタイム性を考えなければなりません（このあたりの仕様は自動車メーカによって異なるので，一概には

第8章　FlexRayプロトコルを実装する

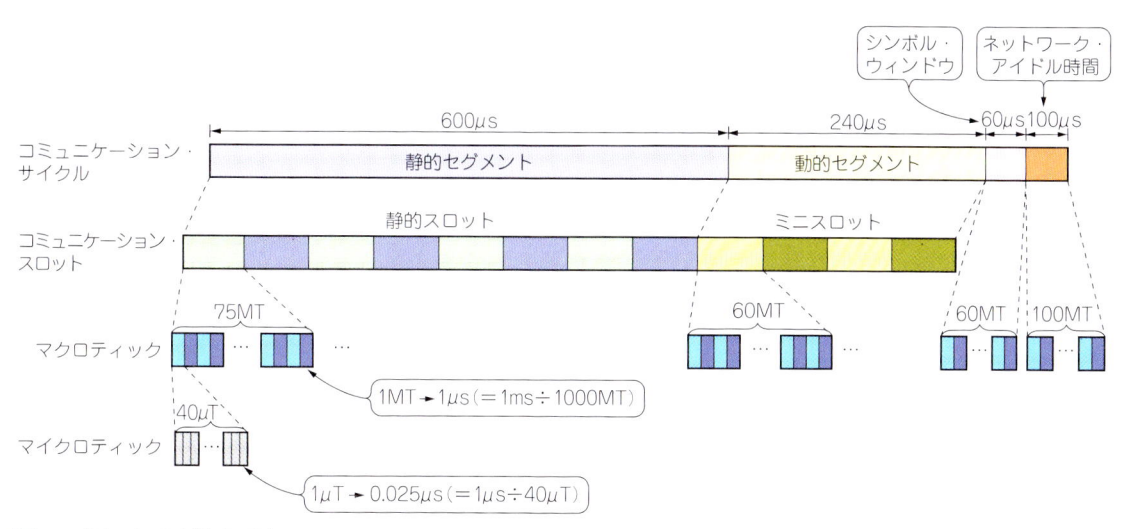

図11　各レベルの割り当て例
図5のブレーキ・システムについて，図のような割り当てを行った．

言えない）．いずれにしても，現在の機械制御によるブレーキ・システムと同等かそれ以上の性能を確保できるような設計が求められると思われます．

次にアービトレーション・レベルの割り当てを行いましょう．図5のブレーキ・システムには8ノード接続されているので，ここではわかりやすくするために静的スロットを8スロット用意することにします．ここではノード数とスロット数を同数にしましたが，一つのノードが複数のスロットを使うことは珍しいことではありません．次に動的セグメントですが，これはネットワーク管理やノードの診断などに使用されると思われます．今回は，簡単化のため4スロットとします．

次はマクロティック・レベルですが，これを以下のように割り当てます．なお，この数値も説明のために設定したもので，実アプリケーションとは関係はありません．

- 1静的スロット＝75MT
- 1ミニスロット＝60MT
- シンボル・ウィンドウ＝60MT
- ネットワーク・アイドル時間＝100MT

ここまでの割り当てが，1コミュニケーション・サイクル当たりのマクロティック（gMacroPerCycle（＝10～16000MT））の範囲に入っているのかどうかを検証しましょう．

　　静的セグメント＝8スロット×75MT＝600MT
　　動的セグメント＝4スロット×60MT＝240MT

シンボル・ウィンドウ	= 60MT
ネットワーク・アイドル時間	= 100MT
	合計 1,000MT

1コミュニケーション・サイクルで1,000MTなので規定範囲内です．また，コミュニケーション・サイクル＝1msと設定したので，1MT＝1ms÷1,000＝1μsとなります．

次に1MTをマイクロティック・レベルで割り当てましょう．1MT当たり40μT（cMicroPerMacroNomMin＝40μT）とすると，1μs÷40＝0.025μsとなります．つまり，1μT＝0.025μsです．

前述したように，マイクロティックの構成単位はクロック・サンプルです．この単位は1，2，4です．これを動作周波数に換算すると，

- pSamplesPerMicrotick＝1：40MHz（0.025μs）
- pSamplesPerMicrotick＝2：80MHz（0.0125μs）

pSamplesPerMicrotick＝4の場合はサンプル・クロック時間が0.00625μsでプロトコル違反になり，設定できません．このことから，最小40MHz，最大80MHzのクロック周波数で通信コントローラを動作させることになります．

② フレーム・フォーマット

ここまでFlexRayを採用したシステムを設計するにあたって，どのようなネットワーク形態を採るのか（トポロジ），どのようなルールにのっとってデータの送信が行われるのか（メディア・アクセス方式）を解説しました．では，実際にネットワーク上ではどのようなメッセージのやり取りが行われるのでしょうか．今度は，このあたりに焦点を当てて，説明していきます．

2.1 一つのフレームは三つの領域で構成される

FlexRayに対応したネットワーク上では，図12に示すようなメッセージ（フレーム）が送信されます．FlexRayのフレームは，次の三つのセグメントで構成されます．
- ヘッダ・セグメント
- ペイロード・セグメント
- トレーラ・セグメント

ヘッダ・セグメントには送信するデータに関する情報が，またペイロード・セグメントには送信すべきデータそのものが格納されています．トレーラ・セグメントはフレーム全体でエラーがあるかどうかをチ

第8章 FlexRayプロトコルを実装する

column　パラメータの接頭語について

FlexRay仕様では，"cChannelIdleDelimiter"，"cdBSS"，"gPayloadLengthStatic"などさまざまなパラメータが定められています．これらのパラメータには接頭語が付いており，下記のような意味を持っています．

● c：プロトコル定数

　cが頭に付くパラメータは，プロトコルの範囲または特性の定義に使用される値です．

● v：ノード変数

　vが頭に付くパラメータは，時間や事象に依存して変化する値です．

● g：クラスタ・パラメータ

　gが頭に付くものは，クラスタ内のすべてのノードが同じ値を持たなければならないパラメータです．このパラメータは通信コントローラ自身のコンフィグレーション時に初期化されます．パラメータの変更は通信コントローラがコンフィグレーションするときのみ可能となります．

● p：ノード・パラメータ

　pが頭に付くものは，クラスタ内のノードにおいて異なる値を持つことがあるパラメータです．これは，通信コントローラ自身のコンフィグレーション時に初期化され，値の変更もコンフィグレーション時にのみ行うことができます．

● d：継続時間

　dが頭に付くパラメータは，継続時間を表します．

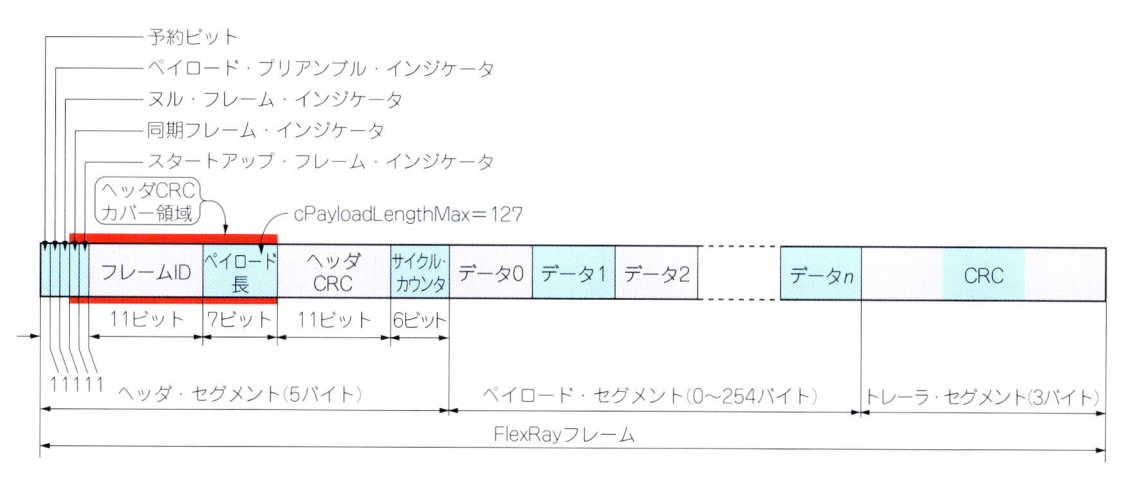

図12　フレーム・フォーマット

FlexRayのフレーム・フォーマットは，ヘッダ・セグメント，ペイロード・セグメント，トレーラ・セグメントの三つのセグメントで構成される．

ェックするための機能を備えています．具体的には，ヘッダ・セグメントとペイロード・セグメントをCRC（cyclic redundancy check）にかけた結果が入っています．

● ヘッダ・セグメントに含まれる送信データに関する情報
　ヘッダ・セグメントは5バイトで構成されており，この中に以下の9個の情報が含まれています（表2）．

1）予約ビット（1ビット）
　予約ビットは，将来起こりうるプロトコルの変更のために予約されているものです．そのため，実際のFlexRayのアプリケーションには使用できません．送信ノードは予約ビットを論理的に '0' にセットし，受信ノードはこのビットを無視します．

2）ペイロード・プリアンブル・インジケータ（1ビット）
　ペイロード・プリアンブル・インジケータは，送信されたペイロードに特別な機能（オプション・ベクタ）が含まれているかどうかを示します．オプション・ベクタの有無や内容は，ペイロード・プリアンブル・インジケータの値（'0' か '1' か）によって決まります．
　例えば，ペイロード・プリアンブル・インジケータ = '0' の場合，ペイロード・セグメントにはオプション・ベクタは含まれていません．
　一方，ペイロード・プリアンブル・インジケータ = '1' の場合，そのフレームが送信されるタイミング（静的セグメントか動的セグメントか）によって，ベクタの内容は異なります．フレームが静的セグメントで送信されていれば，ペイロードのはじめにネットワーク管理ベクタ（詳細は後述）が存在することを示しています．フレームが動的セグメントで送信されていれば，ペイロードのはじめにメッセージID（詳細は

表2 ヘッダ・セグメントの内容

名 称	値	状 態
予約ビット	0	つねに '0'
ペイロード・プリアンブル・インジケータ	0	ペイロード・セグメントにオプション・ベクタは存在しない
	1	ペイロード・セグメントにネットワーク管理ベクタを含む（静的セグメント） 垂直方向を中央にペイロード・セグメントにメッセージIDを含む（動的セグメント）
ヌル・フレーム・インジケータ	0	ペイロード・セグメントには無効（null）データが含まれている
	1	ペイロード・セグメントには有効なデータのみ存在する
同期フレーム・インジケータ	0	そのフレームは同期フレームではない
	1	そのフレームは同期フレームである
スタートアップ・フレーム・インジケータ	0	そのフレームはスタートアップ・フレームではない
	1	そのフレームはスタートアップ・フレームである
フレームID	0	無効
	1～2,047	送信するフレームのID番号を示す
ペイロード長	0～127	ここで示された値を2倍すると，ペイロード・サイズになる
ヘッダCRC	0～2,047	同期フレーム・インジケータ，スタートアップ・フレーム・インジケータ，フレームID，ペイロード長で計算されたCRCコードを示す
サイクル・カウンタ	0～63	コミュニケーション・サイクルのカウント値を示す

後述）が存在することを示しています．

3）ヌル・フレーム・インジケータ（1ビット）

ヌル・フレーム・インジケータは，フレームのペイロード・セグメントに有用なデータが含まれているかどうかを示すものです．このビットが '0' の場合，ペイロード・セグメントには無効な（null）データが含まれています．一方，このビットが '1' であれば，ペイロード・セグメントには有効なデータのみが存在します．

4）同期フレーム・インジケータ（1ビット）

同期フレーム・インジケータは，通信フレームが同期フレームかどうかを示します．同期フレーム・インジケータが '1' の場合はそのフレームを同期フレームとし，すべての受信ノードを同期のために利用します．

5）スタートアップ・フレーム・インジケータ（1ビット）

ノードの電源がONしても，すぐには通信を開始できません．電源をONしてから通信可能な状態になるまでのプロセスを「スタートアップ」と言います（図13）．

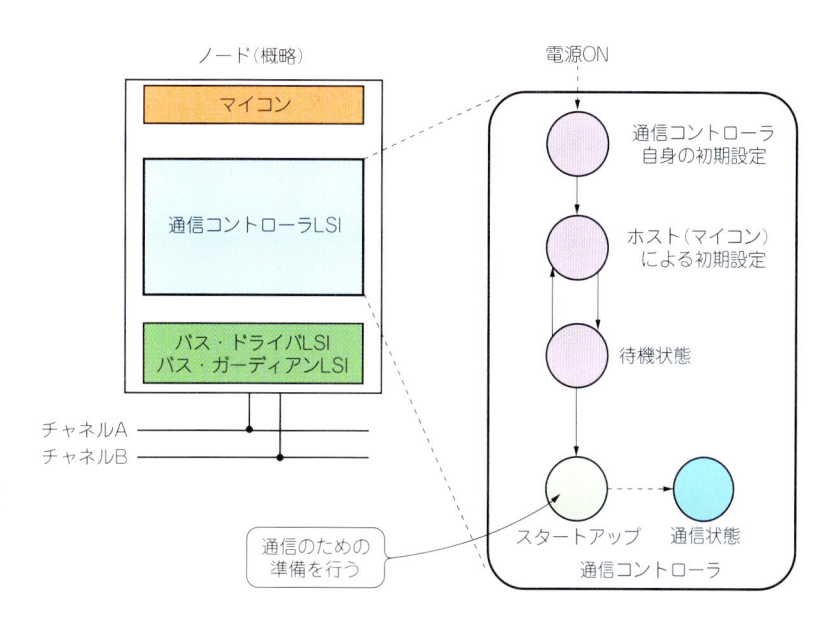

スタートアップ・フレーム・インジケータが '1' にセットされているとき，そのフレームがスタートアップ・フレームであることを示します．スタートアップ・フレームは，スタートアップ時において特別な役割を担います．例えば，電源ONのタイミングは各ノードで違うので，クロックの位相も異なりますが，こうしたノード間の同期合わせはスタートアップ・フレームを用いて行います．

このスタートアップ・フレームは，コールド・スタート・ノード（スタートアップ時の初期化を行うためのノード）だけが送信することができます．もう少し細かく言うと，コールド・スタート・ノードの同期フレームでのみ，スタートアップ・フレーム・インジケータが '1' にセットされます（つまり，スターアッ

図13
スタートアップ
電源がONになってから通信状態までの状態遷移の概略を示す．通信のための準備を行う状態をスタートアップというが，この状態におけるさまざまな機能はスタートアップ・フレームによって実現される．

プ・フレーム・インジケータが'1'にセットされたフレームは，同期フレーム・インジケータも'1'にセットされている）．なお，スタートアップについては本章の「4. ウェイクアップとスタートアップ」で詳しく述べます．

6) フレームID（11ビット）

フレームIDは，各スロットで送信すべきフレームを明確にします．フレームIDは，コミュニケーション・サイクル（FlexRayにおける通信の最大単位）で，チャネルごとに1回以上は使用されません．フレームIDのとるべき範囲は1～2,047であり，'0'の場合は無効となります．フレームIDは，MSB（most significant bit）から送信されます．

7) ペイロード長（7ビット）

ペイロード長には，ペイロード・セグメントのサイズが示されます．具体的には，ペイロード・データのサイズ（バイト数）を2で割った値がここにセットされます．例えば，ペイロード・セグメントが72バイトの場合，このフレームのペイロード長として36がセットされます．

ペイロード長の範囲は，0～127（cPayloadLengthMax）です．このことは，ペイロード・セグメント（gPayloadLengthStatic）の最大値が254バイト（＝2×cPayloadLengthMax）であることと一致します．

コミュニケーション・サイクルの静的セグメントで送信されるすべてのフレームのペイロード長は同一です．動的セグメントでは，フレームごとまたはチャネル間でペイロード長が異なる場合があります．動的セグメントにおけるペイロード長の範囲は0～127バイト（pPayloadLengthDynMax＝0～cPayloadLengthMax）です．

フレームIDの場合と同様に，ペイロード長はMSBから送信されます．

8) ヘッダCRC（11ビット）

ヘッダCRCは，同期フレーム・インジケータ，スタートアップ・フレーム・インジケータ，フレームID，ペイロード長で計算されたCRCコードを含んでいます．

なおFlexRayの場合，通信コントローラでは送信フレームのためのヘッダCRCの計算は行われません．送信フレームのヘッダCRCはホスト（マイコン）のアプリケーションによって計算され，スタートアップ時にホストから通信コントローラに提供することが仕様で決められています．

9) サイクル・カウンタ（6ビット）

サイクル・カウンタは，送信ノードが何回データを送信したか，つまりコミュニケーション・サイクルのカウント値を示します．サイクル・カウンタの最大値は63（cCycleCountMax＝63）であり，これを超えると0に戻って再度カウントアップします．

サイクル・カウンタもMSBから送信されます．

● ペイロード・セグメントにはオプション領域がある

ペイロード・セグメントは，0～254バイトのデータを含んでいます．この値はヘッダ・セグメントのペ

イロード長（cPayloadLengthMax）を2倍にしたものであり，ペイロード・セグメントに格納されるバイト数はつねに偶数となります．

このペイロード・セグメントのバイト・データについては，ヘッダ・セグメントの後の最初のバイトが「データ0」，次が「データ1」というように順番が付けられています．

このペイロード・セグメントの一部をオプションとして利用できます．オプションには，「ネットワーク管理ベクタ」と「メッセージID」が用意されています．

1）ネットワーク管理ベクタ（NMベクタ）

ネットワーク管理ベクタとして，ペイロード・セグメントの最初の0～12バイトを割り当てることが可能です（図14）．ネットワーク管理ベクタは，ユーザが定義するネットワーク管理のためのプロトコルを支援するためのもので，例えばクラスタ全体のスタートアップやシャットダウンを決定します．

ネットワーク管理ベクタは，静的セグメントとして送信される場合に割り当てられます．ネットワーク管理ベクタの長さ（何バイト割り当てるか）は，通信コントローラのコンフィグレーション（初期設定）時にホスト（マイコン）によって書き込まれます．ネットワーク管理ベクタの長さを表すパラメータはgNetworkManagementVectorLengthであり，すべての送信ノードにおいてこの値は等しくなくてはなりません．

なお，ネットワーク管理ベクタはバイトのMSBから送信されます．

2）メッセージID

フレームが動的セグメントとして送信される場合のみ，メッセージIDが使用されます．ペイロード・セグメントの最初の2バイトがメッセージIDとして割り当てられています（図15）．

このメッセージIDは，送信するデータの内容を明確にするために決められた番号です．この番号は，ホスト上のアプリケーション・ソフトウェアから通信コントローラに書き込まれます．

上述したように，これらのオプションが存在するかどうかは，ヘッダ・セグメントのペイロード・プリアンブル・インジケータによって示されます．

図14　ネットワーク管理ベクタ
ネットワーク管理ベクタとして，ペイロード・セグメントのはじめの0～12バイトまでを割り当てることが可能．ネットワーク管理ベクタは，静的セグメントでのみ使用される．

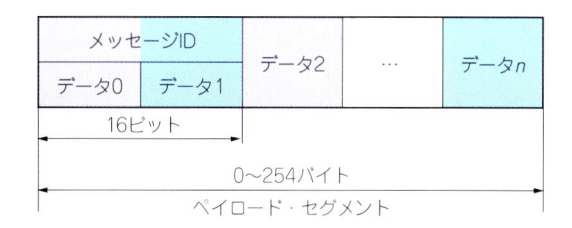

図15　メッセージID
ペイロード・セグメントの最初の2バイトがメッセージIDとして割り当てられる．メッセージIDは，動的セグメントでのみ使用される．

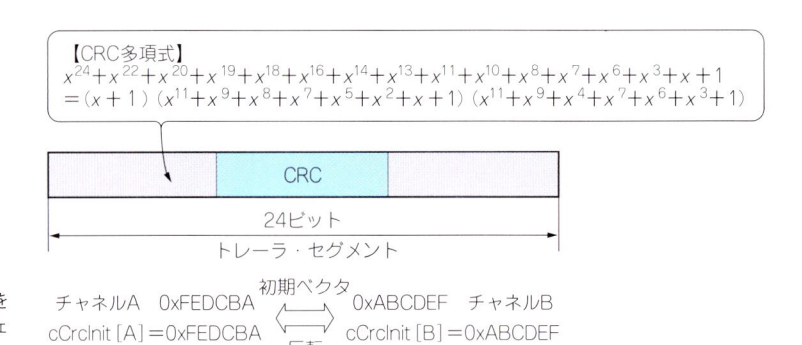

図16
トレーラ・セグメント
トレーラ・セグメントは24ビットCRCを含んでおり，フレーム全体のエラー・チェックの機能を備えている．

【CRC多項式】
$x^{24}+x^{22}+x^{20}+x^{19}+x^{18}+x^{16}+x^{14}+x^{13}+x^{11}+x^{10}+x^8+x^7+x^6+x^3+x+1$
$=(x+1)(x^{11}+x^9+x^8+x^7+x^5+x^2+x+1)(x^{11}+x^9+x^4+x^7+x^6+x^3+1)$

チャネルA　0xFEDCBA　　初期ベクタ　　0xABCDEF　チャネルB
cCrcInit [A] = 0xFEDCBA　　反転　　cCrcInit [B] = 0xABCDEF

● **トレーラ・セグメントではCRCでエラーをチェック**

トレーラ・セグメントは，24ビットCRCを含んでいます（図16）．CRC領域には，そのフレームのヘッダ・セグメントとペイロード・セグメントを通じて計算されたCRCコードが含まれています．

FlexRayのネットワーク・トポロジがデュアル・チャネル（チャネルA，チャネルB）の場合，ノードはどちらかのチャネルに依存しており，次に示すようにそれぞれ違う初期ベクタを使用してフレームを送信します．

- チャネルAにフレームを送信するノードは，初期ベクタ0xFEDCBAを使用
- チャネルBにフレームを送信するノードは初期ベクタ0xABCDEFを使用

このことから，AチャネルとBチャネルでは初期ベクタの値が反転していることがわかります．これによって，もしAチャネルとBチャネルがまちがって接続された場合，CRCによってエラーをチェックできます（このチェックはアプリケーションに依存する）．

2.2 メディア・アクセスに対する送信フレームの検討

先の図5に示したBrake-by-wireアプリケーションのアクセス方法を検討したとき，一つの静的スロットの時間を75MTと決めました．今度は，この時間内にどのくらいの長さのペイロードを送信できるかを検討してみましょう．

ところで，筆者はFlexRayのプロトコルを説明する際に，フレーム送信を図17の上側のように図示します．静的セグメントでは，スロットの境界とフレームの間に隙間がありますが，これには意味があります．図17の下側の図に示すように，フレームの前後にアイドル時間があるからです．

● **送信開始の際のオフセットを設ける**

各ノードには必要なスロット数が割り当てられています．また，一つのスロットの送信にかかる時間（ス

第8章　FlexRayプロトコルを実装する

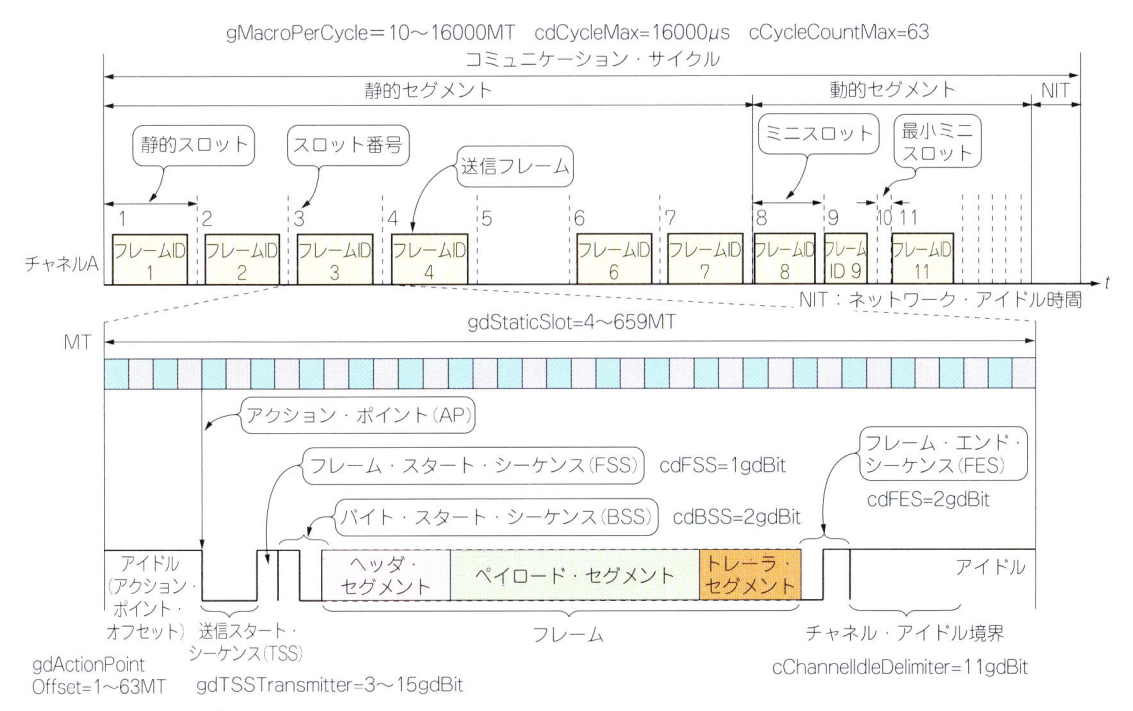

図17　アクション・ポイント・オフセット
FlexRayでは，実際に送信を開始する際の時間のずれを考えて，オフセットを設けている．

ロット時間）もあらかじめ決められています．しかし，その割り当てられた時間のスロットを送信する場合，たとえ準備ができていたとしても通信を開始するまでに時間がかかります．そのため，オフセットが規定されています．FlexRayでは，送信を開始する点を「アクション・ポイント」と言いますが，静的スロットの開始からこのアクション・ポイントまでのオフセットを「アクション・ポイント・オフセット」と呼び，その範囲（gdActionPointOffset）は1～63MTと規定されています．

アクション・ポイントから送信が開始されるわけですが，実際にはフレームが送信される前に「送信スタート・シーケンス（TSS：Transmission Start Sequence）」に入ります．このシーケンスでは，適正な通信を行う準備のための初期化を行い，これから送信を開始するという合図を送ります．送信スタート・シーケンスは連続した"L"レベル（'0'）で構成されます．"L"レベルをどの程度の長さにするのかはgdTSSTransmitterというパラメータで割り当てられます．その範囲は3～15gdbit[注5]（ビット）です．

この次に，フレーム送信の開始を合図するためのフレーム・スタート・シーケンス（FSS：Frame Start Sequence）に入ります．このシーケンスは，フレームの最初のバイト・スタート・シーケンスの量子化誤差を補正するためにも使用されます．フレーム・スタート・シーケンスは1gdBitの"H"レベル（'1'）で構

注5：1gdBitはあるネットワークの伝送速度におけるビット（1ビットの伝送時間）を指す．例えば，伝送速度が10Mbpsの場合は1dgBit = $0.1\mu s (1 \div 10 \times 10^6)$，2.5Mbpsの場合は1gdBit = $0.4\mu s$となる．

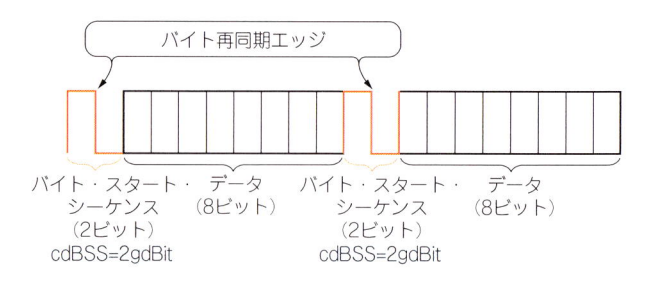

図18
バイト・コーディング
FlexRayのデータは1バイト＋2ビット（バイト・スタート・シーケンス）で構成されている．

バイト再同期エッジ

バイト・スタート・シーケンス（2ビット）
cdBSS=2gdBit
データ（8ビット）
バイト・スタート・シーケンス（2ビット）
cdBSS=2gdBit
データ（8ビット）

成されます．

　フレーム・スタート・シーケンスの次に，バイト・スタート・シーケンス（BSS：Byte Start Sequence）が続きます．このバイト・スタート・シーケンスの立ち下がりエッジがビットの同期に使用されます．

　実は，図18に示すように，FlexRayのフレーム内のデータは「バイト・スタート・シーケンス＋1バイト」で構成されています（拡張バイト・シーケンスと呼ばれる）．バイト・スタート・シーケンスは，1gdBitの"H"レベルと1gdBitの"L"レベルからなるので，フレームの一つのデータは10ビットで構成されていることになります．

　フレームの最後のデータ・バイトの終わりを表す状態をフレーム・エンド・シーケンス（FES：Frame End Sequence）と言います．フレーム・エンド・シーケンスは，1gdBitの"L"レベルと1gdBitの"H"レベルで構成されます．

　この後に，11gdBitのチャネル・アイドル境界（アイドルを検出するための準備期間）が続き，アイドル状態となり，一つの静的スロットが終了します．

● 静的スロット長にはクロック精度やバス遅延も考慮する

　それでは，静的スロット長を計算してみましょう．

　上述のオフセットを含めると，一つの静的スロット長vFrameLengthStatic（単位はgdBit）は，図19の式（1）で求められます．

　ここで，式（1）の中の80という数字は，フレームのヘッダ・セグメントとトレーラ・セグメントにおけるビット（gdBit）数を表しています．ヘッダ・セグメントは5バイト，トレーラ・セグメントは3バイトで固定なので合計8バイトとなります．上述したように，FlexRayのデータ・バイトは実際には10gdBit（8ビットのデータ＋2ビットのバイト・スタート・シーケンス）で構成されるため，8バイト×10gdBit＝80gdBitとなります．

　ペイロード・セグメントの場合も同様に，1データ・バイトは10gdBitです．静的セグメントの場合，ペイロード・セグメントにはヘッダ・セグメントのペイロード長フィールドにセットされたパラメータgPayloadLengthStaticの2倍のデータが入ります．そのため，式（1）ではgPayloadLengthStatic×20（2×

第8章　FlexRayプロトコルを実装する

```
●静的フレーム長
vFrameLengthStatic＝gdTSSTransmitter＋cdFSS＋80＋gPayloadLengthStatic×20＋cdFES ……………………………… (1)
※単位はすべてgdBit

●静的スロット長
gdStaticSlot [MT] ≧ 2×gdActionPointOffset [MT]
              ＋ceil*(((vFrameLengthStatic [gdBit] ＋ cChannelIdleDelimiter [gdBit])×gdBitMax [μs] / 1 [gdBit]
              ＋gdMaxPropagationDelay [μs])÷(gdMacrotick [μs] / 1 [MT]×(1－cClockDeviationMax))) …………(2)

＊：ceil (x)は，xの小数点以下を切り上げることを意味する（例えば，ceil (2.1)＝3）
```

図19　静的スロット長を求める計算式

10gdBit）となっているわけです．

　また，式(1)の二つのパラメータcdFSSとcdFESは，図17からわかるように固定値であり，それぞれcdFSS＝1gdBit，cdFES＝2gdBitです．

　このほかにも，クロック精度（cClockDeviationMax＝0.0015）の影響や伝播遅延は図17に示したようにgdActionPointOffsetとして考慮します．また，二つの連続するフレーム間のチャネル・アイドル境界11gdBit（cChannelIdleDelimiter）やクラスタ全体の最大伝播遅延（gdMaxPropagationDelay）もスロット長の算出に必要な項目となります．

　これらの項目と式(1)から静的スロット長（gdStaticSlot）を求めることができます（図19の式(2)）．

　では，式(2)から通信速度が10Mbpsの場合の最小の静的スロット長を計算してみましょう．式に入れるパラメータの値はすべて最小値で設定します．すなわち，

- gdActionPointOffset＝1MT
- gdTSSTransmitter＝6gdBit
- gPayloadLengthStatic＝0
- gdBitMax＝0.10015μs[注6]
- gdMaxPropagationDelay ≪ gdMacrotick
  （クラスタの伝播遅延はマクロティックと比べて十分に小さいので，以下の計算では0とする）
- vFrameLengthStatic＝89gdBit

　静的スロットの最小時間は公称マクロティック長に依存します．そのため，ここではgdMacrotick＝gdMaxMTNom＝6μsとなります．以上の条件から最小の静的スロット長は，

注6：FlexRayの仕様ではクロックの最大誤差は1,500ppm（ppmは100万分の1）と定められている（cClockDeviationMax＝0.0015）．つまり，10Mbpsの場合のgdBitの許容最大値gdBitMaxは0.1μs＋0.1×0.0015μs＝0.10015μsとなる．

$$\text{gdStaticSlot} \geq 2 \text{ MT} + \text{ceil}(10.015\,\mu\text{s} \div 5.991\,\mu\text{s})\text{ MT}$$
$$\geq 2 \text{ MT} + \text{ceil}(1.67)\text{ MT}$$
$$\geq 4 \text{ MT}$$

となります．

同様の手順で，通信速度が10Mbpsの場合の最大の静的スロット長を計算します．式に入れるパラメータの値はすべて最大値で設定します．

- gdActionPointOffset = 63 MT
- gdTSSTransmitter = 15 gdBit
- gPayloadLengthStatic = 127
- gdBitMax = 0.10015 μs
- gdMaxPropagationDelay = 2.5 μs
- vFrameLengthStatic = 2638 gdBit

今度はgdMacrotick = cdMinMTNom = 1 μsとすると，最大の静的スロット長は次のようになります．

$$\text{gdStaticSlot} \geq 126 \text{ MT} + \text{ceil}(267.974\,\mu\text{s} \div 0.9985\,\mu\text{s})\text{ MT}$$
$$\geq 126 \text{ MT} + \text{ceil}(268.38)\text{ MT}$$
$$\geq 395 \text{ MT}$$

なお，gdTSSTransmitterやgdBitMaxといったパラメータの値は通信速度によって異なります．そのため，通信速度に応じて最大/最小の静的スロット長は変化します（例えば，通信速度が2.5Mbpsの場合，最小静的スロット長は9MT，最大静的スロット長は657MTとなる）．

前に図5の静的スロット幅を75MTと定義しました．この静的スロットにおいて，ペイロード長をどの程度設定できるか計算してみましょう．ここで，各パラメータの値は上記の通信速度が10Mbps時の最小の静的スロット長を算出した際と同じものとします．ペイロード長をXとおいて，図19の式(1)に当てはめます．

$$\text{vFrameLengthStatic} = 6 + 1 + 80 + \text{X} \times 20 + 2$$
$$= (89 + 20\text{X})\text{ gdBit}$$

図5の例では1MT = 1 μsとしていたので，ここではgdMacrotick = 1μsとします．これらの値を図19の式(2)に当てはめると，ペイロード長が求まります．

第8章　FlexRayプロトコルを実装する

75 MT ≧ 2 MT + ceil ((89 + 20X) + 11) × 0.10015 ÷ 0.9885) MT

73 MT ≧ ceil (10.03 + 2.006X) MT

X ≦ 31

　ここで，ペイロード長として31をセットしたとすると，実際に転送するペイロード・サイズは，31 × 2（バイト）= 62バイトとなります．

　この例では，1静的スロット（75MT）に対して，正味のデータ（つまりペイロード）が占める割合はおよそ40％程度です．大容量のデータを扱う場合は，ペイロード長についてとくに考慮する必要があります．

● 送信開始と終了でアクション・ポイントを使用

　動的セグメントのミニスロットの構成は，静的セグメントの場合と多少異なります．何が違うかというと，図20に示すようにフレーム・エンド・シーケンスの後に動的トレーリング・シーケンス（DTS：Dynamic Trailing Sequence）が追加されていることです．

　ミニスロットでフレームを送信するタイミングは，静的スロットと同じようにアクション・ポイントですが，静的スロットのアクション・ポイントと区別するためにここではミニスロット・アクション・ポイントと呼びます．ミニスロットの場合，送信の終了もミニスロット・アクション・ポイントで終了します．つまり，1ミニスロットの中に送信の開始のミニスロット・アクション・ポイントと送信の終わりのミニスロット・アクション・ポイントがあるということです．

　送信の終わりのミニスロット・アクション・ポイントのタイミングがこの動的トレーリング・シーケンスで実行されます．また，早すぎるチャネル・アイドルの検出を防止します．動的トレーリング・シーケンスの範囲は2 ～ gdMinislot + 2（gdBit）と定められています．

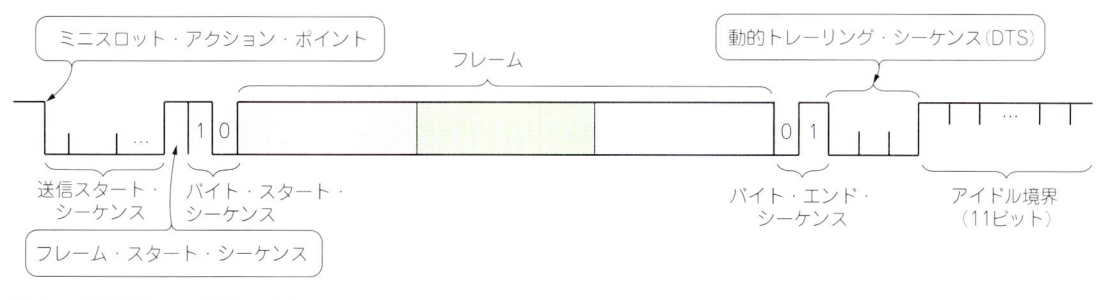

図20　動的スロットのフレーム長

❸ 受信ノードにおけるデコーディング

　今までは，フレームの中身（フォーマット）について詳しく説明しました．また，フレームを送信するための静的スロットやミニスロットの長さについて，どのようなパラメータを用いて，どう計算するのかを示しました．こうした計算は，FlexRayのネットワーク・システムを構築する際に重要となります．

　今度は，送信ノードにおいてエンコーディングされたFlexRayのフレームを，受信ノードがネットワークを介してどのように受け取っているのかを見ていきたいと思います．

3.1 受信ノードにおけるデータ変換

　図21に示すメディア・アクセスにおいて，例えば静的セグメントのスロット1から送信されたフレームは，クラスタ（複数のノードで構成される通信システム）に接続されたすべてのノードに受信されます．すべてのノードということは，送信ノードも含まれます．

● 受信時のノイズを除去するフィルタ機能を設ける

　受信ノードは，通信コントローラのRxD注7入力ポートに入ってきた最新の信号をいったん格納し，サンプリングします．このサンプル数を表すパラメータはcVotingSamplesであり，その値は仕様で'5'と定められています．このサンプリングのおもな目的は次のとおりです．

　図22に示すように，FlexRayのバス・レベルはノイズを低減するために差動信号となっています．この信号は物理層のレシーバによって図のRxD信号に示すような波形に変換され，通信コントローラのRxD入力ポートに入ります．しかし，物理層のレシーバは波形を整形するだけなので，グリッチのような大きい

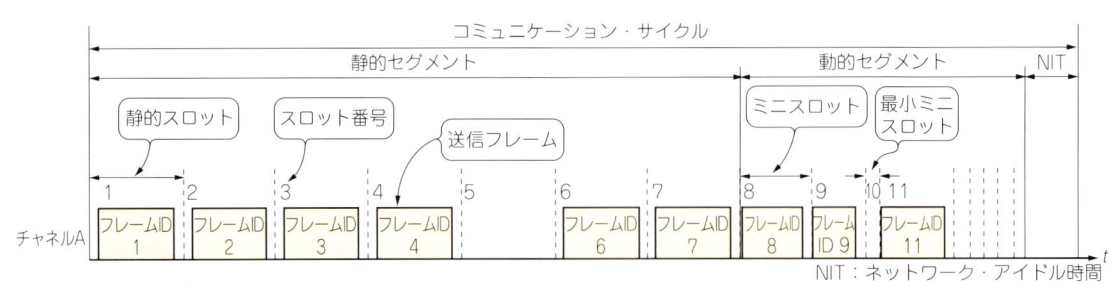

図21　スロットの送信
例えば静的セグメントのスロット1から送信されたフレームは，クラスタに接続されたすべてのノードに受信される．

注7：RxDはバス・ドライバからの受信データを示す．また，TxDは通信コントローラからの送信データを示す．

ノイズなどはRxD入力ポートまで届いてしまう可能性があります．そのため，通信コントローラはRxD入力ポートの信号を5サンプルずつとって，多数決で信号のレベルが'0'なのか'1'なのかを判定します（図23）．

なお，図23は，5サンプルごとに移動して信号の多数決をとっているように見えますが，実際には1サンプルごとに移動しています．つまり4サンプル前のものを使用し，最後の一つだけがつねに最新のサンプルとなっているのです．これによって，グリッチのようなノイズを除去できます．多数決判定によって整形された信号はzVotedValと呼ばれます．

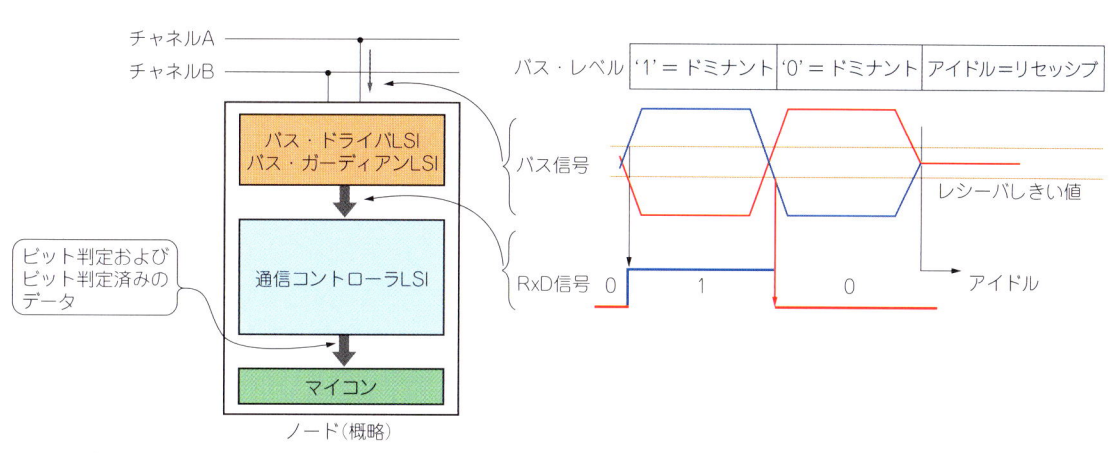

図22　データ受信
FlexRayのバス信号はノイズを低減するために差動信号となっている．物理層のレシーバでRxD信号に変換される．

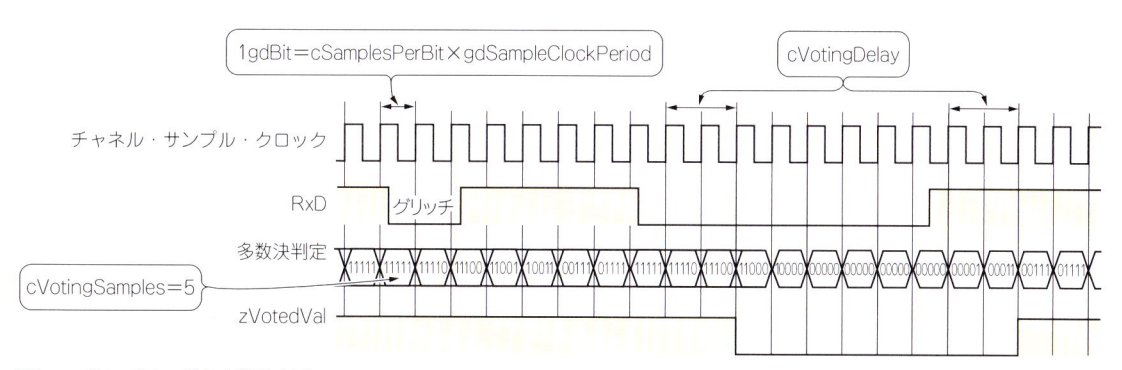

図23　サンプリングと多数決判定
各チャネル（チャネルA，チャネルB）のサンプリング・クロックごとに五つのサンプルをとる．5サンプルのうち"H"（'1'）のほうが多ければ，zVotedValは"H"になる．逆に"L"（'0'）のほうが多ければ，zVotedValは"L"になる．こうしてグリッチ（ノイズ）を除去できる．グリッチではなくRxDのレベルが変化したときはzVotedValの値も変化するが，ある遅延（cVotingDelay）を伴う．

● **受信ノードのビット同期をとるためのBCA**

次に，BCA（bit clock alignment）という機能について説明します．BCAは受信ノードに送られてきたデータのビット同期をとるためのしくみです．

1gdBitは8サンプルで構成されています（cSamplesPerBit=8）．ネットワーク速度が10Mbpsの場合，1gdBit＝$0.1\mu s$（$1\div 10\times 10^{-6}$）なので，1サンプル時間（gdSampleClockPeriod）は$0.0125\mu s$（$0.1\mu s\div 8$）になります．このとき，zVotedValのサンプリングを行うためにサンプル・カウンタが周期的に1～8（＝cSamplesPerBit）の範囲でカウントします．ここで受信ノードのビット・タイミングの整合性をとるために，BCAを用いてビット同期を行います．

BCAは，ローカル（各ノード）のビット・クロックに同期して行われます．また，zVotedValとして受信したビット・ストリームのストローブ信号としても使用されます．BCAは，ビット同期がイネーブル[注8]で，かつzVotedValが"H"から"L"に変化したときにのみ実行されます．つまり，zVotedValの立ち下がりエッジを検出してビット同期が行われるのです．ビット同期のエッジが検出されると，サンプル・カウンタはインクリメントされず，'1'がセットされます．

ビット同期はサンプル・カウンタだけでなく，ストローブ・ポイントの位置によって定まります．ストローブ・ポイントはサンプル・カウンタの値がcStrobeOffset（＝5）と同じ値になったときを指し，ここでビット・ストローブ（受信ビットの判定）が行われます．すなわち，サンプル・カウンタ＝cStrobeOffsetのときのzVotedValの値が，受信ビットの値として判断されます．

図24に，ビット同期の例を示します．図の中の黄色の四角で囲んだ部分は，バイト・データを受信した後の不整合を表しています．1バイトのデータを受信した後，"H"レベルでBSSが始まりますが，このときのサンプル・カウンタの値は本来'1'となっているはずです[注9]．しかし，図24のケースでは，サンプル・カウンタの値は'2'となっています．つまり，ビット同期エッジが1チャネル・サンプル時間だけ遅れてデコードされています．しかし，"L"レベルのBSSに移行するとき，その立ち下がりエッジによってサンプル・カウンタはリセットされ，そこで再びビット同期がとられることになります．

● **受信の終了はチャネル・アイドル境界の検出で判定**

受信ノードは，現在通信しているフレームの終了を判定するためにチャネル・アイドル境界の検出を行います．前にも説明しましたが，図17に示したように送信フレームの終わりを表すフレーム・エンド・シーケンス（FES）の後に11gdBit（cChannelIdelDelimiter）の"H"レベルが続きます．これがチャネル・アイドル境界です．

注8：受信ノードがエッジ検出によるビット同期をイネーブルにするのは，チャネルのアイドル状態が検出されたとき，FSS（フレーム・スタート・シーケンス）が"H"でBSS（バイト・スタート・シーケンス）の最初のビットが"H"のとき，などの条件が成立した場合である．

注9：BSSは1gdBitの"H"レベルと1gdBitの"L"レベルから構成される．BSSの立ち下がりでサンプル・カウンタは'1'にセットされるので，1バイトのデータを受信した後，サンプル・カウンタは'1'となるはずである．

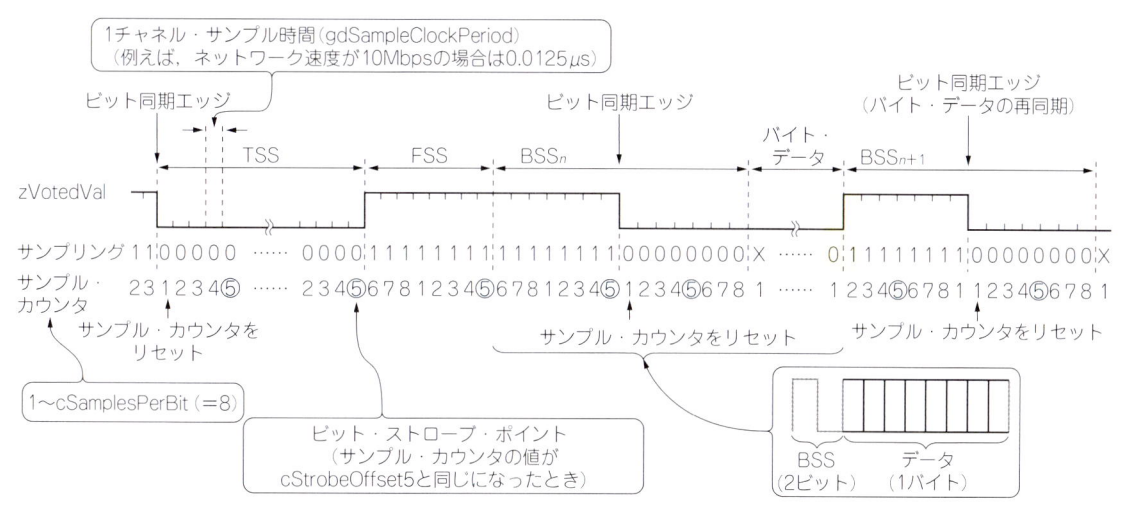

第8章　FlexRayプロトコルを実装する

図24　ビット同期

あるスロットにおけるビット同期を示す．この例では，スロットは送信スタート・シーケンス（TSS），フレーム・スタート・シーケンス（FSS），バイト・スタート・シーケンス（BSS），フレームからなる．なお，フレーム内のデータは「BSS＋1バイト」で構成される．ビット同期エッジが発生したとき，サンプル・カウンタは '1' にリセットされる．その後，サンプル・カウンタがcStrobeOffset（＝5）と同じ値になると，ビット・ストローブが行われる．

　チャネル・アイドル境界の検出は，ノードが受信した静的スロットをデコードしている間，つねにアクティブな状態となっています（つまり，チャネル・アイドル境界の検出とビット・ストリームのデコーディングは並行して動作している）．上述したように，チャネル・アイドルであるかどうかは連続した"H"を検出することで判断されます．つまり，デコード中にストローブしたビットの値が"L"→"H"の順番で起こったとき[注10]はいつでも，その後に続く"H"となるビット数をカウントします．

　かりにデコーダ（通信コントローラ内部のプロトコル・エンジン）がコーディング・エラーを検出した場合，受信ノードはチャネル・アイドル境界の検出をいったんリセットします．つまり，エラーが検出されたビットは"L"とみなし，その後，再び連続した"H"レベルのビット数をカウントします．

● 同一フレーム内における伝播遅延の違いを吸収する

　前にも説明したように，アクション・ポイントとは実際にスロットの送信を開始する点のことです．

　静的スロットの送受信では，送信ノードの同期フレームのアクション・ポイントと対応する受信ノードのアクション・ポイントの時間差を測定することでクロック同期をとります（詳細は本章の「5．クロック同期」を参照）．

　アクション・ポイントに続いて，フレーム送信のための初期化を行うTSS（送信スタート・シーケンス）

注10：フレームの最後のデータ・バイトを示すフレーム・エンド・シーケンス（FES）は，1gdBitの"L"レベルと1gdBitの"H"レベルで構成される．図17を参照のこと．

という状態に入ります．この送信側のTSSは，3～15ビット（gdTSSTransmitter）の範囲で連続した"L"レベルから構成されます．一方，受信ノードは1～16（gdTSSTransmitter＋1）ビットの範囲で連続した"L"が検出されれば，それをTSSとみなします．しかし，この受信ノードがTSSとみなしたビット数（RxD入力ポートに現れたデータ）が実際に送信されたTSSのビット数より少なくなるというケースがあります．これには，光伝送やスター・カプラ（アクティブ・スター型のネットワーク・トポロジで用いられるノードどうしを接続する装置）などの物理的な伝送媒体が影響しています．これによって，フレーム開始の最初のエッジの遅延が同じフレーム内のそのほかのエッジの遅延より長くなる可能性があります（これを「TSSトランケーション」と呼ぶ）．例えば，ノードMから送信された信号がdPropagationDelay$_{M,N}$（最大$2.5\mu s$）の伝播遅延を伴ってノードNに受信されたとします（図25）．先に，クロック同期のためには送信ノードの同期フレームのアクション・ポイントと対応する受信ノードのアクション・ポイントの時間差を測定する必要があると述べましたが，TSSトランケーションが発生することで正確な時間差を知ることが不可能になります．そのため，TSSトランケーションの影響を受けない受信フレームを用いて時間計測を行わなければなりません．

受信ノードは，メッセージの最初のBSS（バイト・スタート・シーケンス）[注11]の間に発生する補助的な

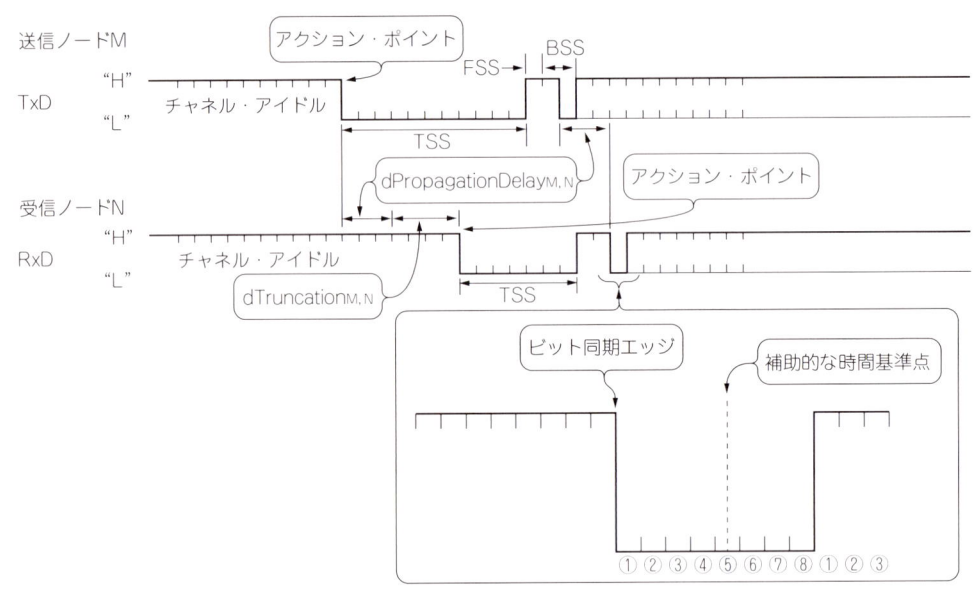

図25　TSSトランケーションと伝播遅延

クロック同期をとるためには，送信ノードと受信ノードのTSSの開始時刻の正確な時間差を測定する必要がある．TSSトランケーションなどの影響を受ける場合は，まず補助的な時間基準点（フレームの最初のBSSの2gdBit目のストローブ・ポイント）から本来の時間基準点を算出する．

注11：BSSは，フレーム（メッセージ）内のバイト・データの前にかならず付く．

時間基準点（TRP：Time Reference Point）から時刻（zSecondaryTRP）を取得し，この時刻を使って本来の時間基準点（TSSトランケーションの影響を受けていないときに受信ノードに現れるべきTSSの開始時刻）を算出します．この算出された時間基準点の時刻が，クロック同期をとるために利用されます．なお，フレームの最初のBSSの2gdBit目のストローブ・ポイントが補助的な時間基準点と定義されています．

　以上のようなメカニズムによって，受信ノードは最初にグリッチなどのノイズを除去するためのサンプリングを行うことで，正確なビット判定およびビット同期を行うことができます．

3.2 FlexRayにおけるエラーの定義

　受信ノードでは，ビット判定のほかに，フレームにエラーがあるかどうかも見ています．

　FlexRayでは，エラーについて「Never give up」戦略をとっています．この戦略は，エラーによって通信を継続するか中断するかといった決定は，プロトコルではなく上位アプリケーションで行うというものです．つまり，FlexRayではCANのようにプロトコルそのものがエラーの情況に応じてバスを切り離すような仕様は盛り込まれていません．

　ただしFlexRay仕様では，以下の四つのエラーが定義されています．
- シンタックス・エラー（SyntaxError）
- コンテンツ・エラー（ContentError）
- 境界違反（BViolation）
- 送信の競合（TxConflict）

　次のような情況が発生するとシンタックス・エラーとなります．
- チャネルがアイドルでないのにノードが送信を開始したとき
- デコード・エラーが発生したとき
- フレームがシンボル・ウィンドウまたはネットワーク・アイドル時間でデコードされたとき
- シンボルが静的セグメント，動的セグメント，ネットワーク・アイドル時間でデコードされたとき
- 二つまたはそれ以上のフレームが一つのスロット内で受信されたとき
- 二つまたはそれ以上のシンボルがシンボル・ウィンドウ内で受信されたとき

　また，コンテンツ・エラーは以下のイベントで定義されています．
- 静的セグメント上で受信したフレームのヘッダに収容されているヘッダ長がpPayloadLenghStaticと一致しないとき
- 静的セグメント上で受信したフレームのヘッダに収容されているスタートアップ・フレーム・インジケータがセットされているのに，同期フレーム・インジケータがセットされていないとき
- 静的セグメント上または動的セグメント上で受信したフレームのヘッダに収容されているフレームIDがスロット・カウンタの現在の値と一致しないとき．または動的セグメントでフレームID＝0のとき

- 静的セグメント上または動的セグメント上で受信したフレームのヘッダに収容されているサイクル・カウンタがスロット・カウンタの現在の値と一致しないとき，または動的セグメントでサイクル・カウンタ＝0のとき
- 動的セグメント上で受信したフレームのヘッダに収容されている同期フレーム・インジケータが '1' にセットされているとき
- 動的セグメント上で受信したフレームのヘッダに収容されているスタートアップ・フレーム・インジケータが '1' にセットされているとき
- 動的セグメント上で受信したフレームのヘッダに収容されているヌル・フレーム・インジケータが '0' にセットされている時

境界違反は，スロットの境界でチャネルがアイドルになっていない場合に発生します．また，送信の競合は，受信中にそのノードが送信を開始したときに発生します．

ここで説明したビット同期やビットの判定は，実際のシステムではすべて通信コントローラが行います．つまり，FlexRayに対応した通信コントローラを搭載したノードであれば，受信データにノイズがのらず，同期がとれていることがハードウェア的に保証されていると言えます．ですからシステム設計者は，このことを前提としてアプリケーションの開発を行えばよいのです．

❹ ウェイクアップとスタートアップ

ここでは，FlexRayネットワーク上のあるノードがパワーONした後，そのノードを含めたクラスタがどのようにしてノーマル状態に遷移し，通常の通信を行えるようになるのかを見ていきます．

4.1 ウェイクアップ

FlexRayの場合，通信準備（スタートアップ）を行う前に，まずクラスタをウェイクアップ[注12]するために，次のような手順をとります．

1) ノードがパワーOFFからパワーONに遷移
2) 通信コントローラの内部状態遷移制御（POC：Protocol Operation Control）に従って，コントローラそのもののコンフィグレーション（初期設定）とホスト（マイコン）によるコンフィグレーションを行う（図26）

注12：ウェイクアップとは，あるノードがスリープ状態から復帰したということをクラスタに知らせるため，ノード内の通信コントローラがチャネルにウェイクアップ信号を送信すること．スタートアップはウェイクアップしている複数のノードが正常に通信するために同期や整合をとること．

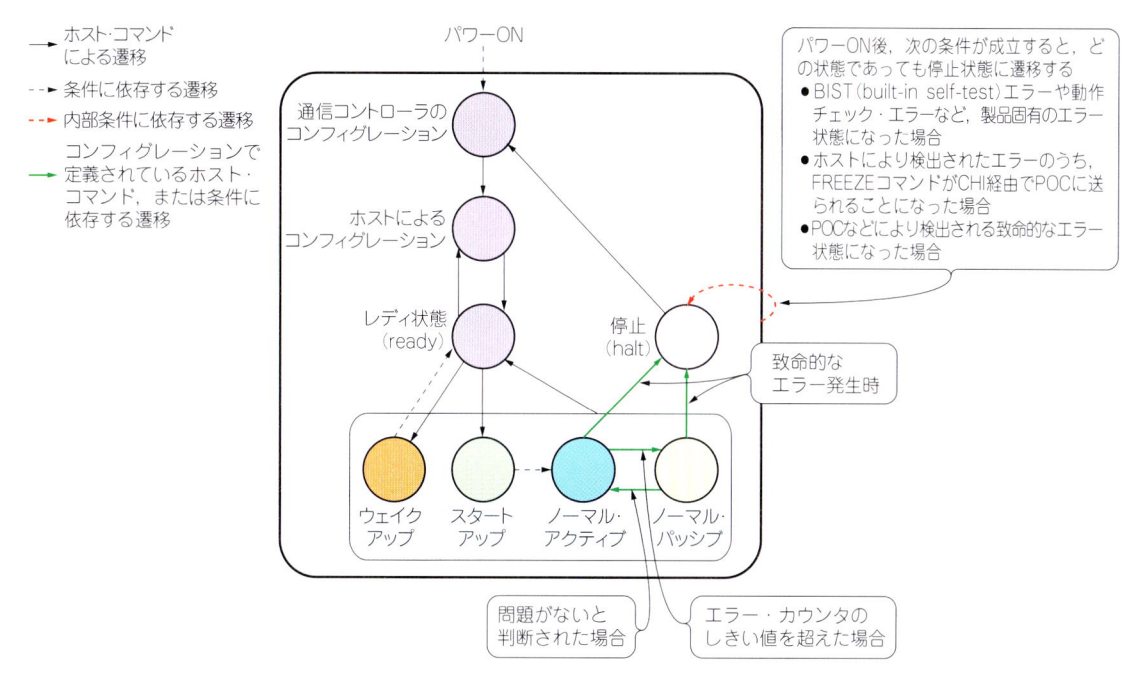

第8章 FlexRayプロトコルを実装する

図26 通信コントローラの内部状態遷移
通信コントローラのPOCに従って、コンフィグレーションやウェイクアップ、スタートアップを行う.

3) コンフィグレーション終了後，レディ状態[注13]に遷移
4) その後，ホストからウェイクアップ信号を受け取るとウェイクアップ状態[注14]に入る

2)〜4)の状態遷移は，すべてCHI（controller host interface）を介して，ホストからのコマンドによって行われます．つまり，通信コントローラがPOCを操作することはありません．

● **二つのチャネルが同時にウェイクアップしてはならない**

さて，クラスタをウェイクアップするには，最低限の必要条件を満たす必要があります（**図27**）．まず，すべてのノードのレシーバ（物理層レベルのバス・ドライバICに内蔵されている）に電源が供給されなくてはなりません．レシーバに電源が供給され，バス（チャネル）を介してウェイクアップ信号が入ってくると，そのノード内のほかの部品もスリープから復帰します．なお，クラスタ全体がウェイクアップするには，複数あるノードのうち少なくとも一つは外部（例えば外部スイッチなど）からの信号によってウェイクアップする必要があります．

注13：レディ状態は，すべての初期設定が終わった後，ウェイクアップまたはスタートアップに入ることができる状態を指す．ノードがパワーONした後，通常通信に入るまでに，かならずこの状態を通る．
注14：ウェイクアップ状態に入らず，レディ状態から直接スタートアップ状態に遷移することも可能だが，これはシステム設計者の考えかたによる．

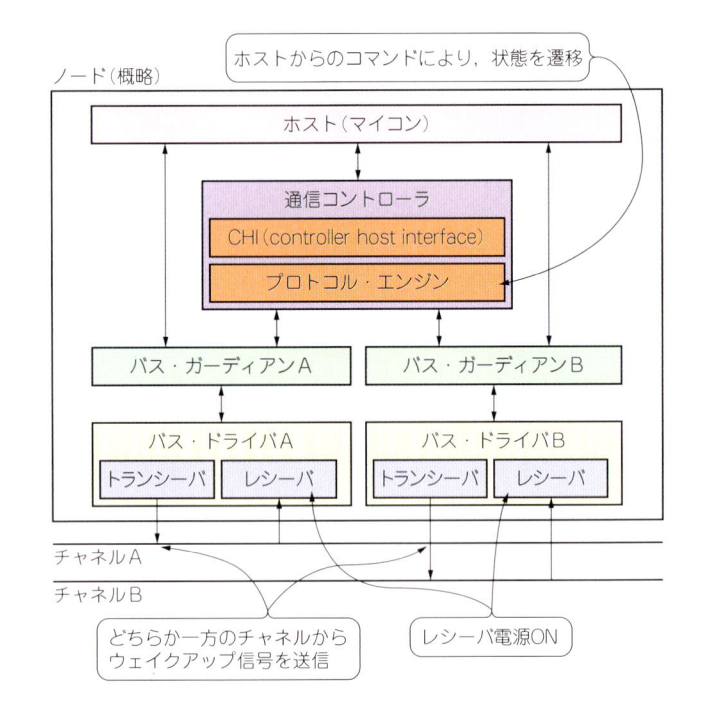

図27
ウェイクアップの条件
クラスタをウェイクアップするには，レシーバに電源が供給されている，複数あるノードのうちの少なくとも一つは外部からの信号によってウェイクアップする必要があるなど，最低限の必要条件を満たさなければならない．

ここで，デュアルチャネル（AチャネルとBチャネルを備えた）ノードのウェイクアップの例を図28に示します．この例では，クラスタは三つのノードで構成されています．

FlexRayでは，デュアルチャネル・ノードのウェイクアップを行う場合，仕様の中で以下のことを規定しています．
- ウェイクアップ信号をチャネルA，Bの両方に同時に送信してはならない
- 一つのノードがチャネルA，Bの両方をウェイクアップしてはならない

かりに，チャネルAとチャネルBの両方に同時にウェイクアップ信号を送信できたとします．この場合，もし欠陥のあるノードが異常なウェイクアップ信号を送信したら，両方のチャネルが同時に通信障害に陥ることになります．これを防ぐために，上記のルールが定められています．

● ウェイクアップにはホストによる適切な制御が必要

図28の例では，ノードAがチャネルAのコールドスタート・ノード，ノードBがチャネルBのコールドスタート・ノードになっています．ここでコールドスタート・ノードとは，前述の「外部信号によるウェイクアップを必要とするノード」を指します．クラスタの通信スタートアップ手順を初期化することのできるノードです．

例えば，ノードAはパワーOFFまたはリセットした後に発生したローカルなイベント（そのノードが備

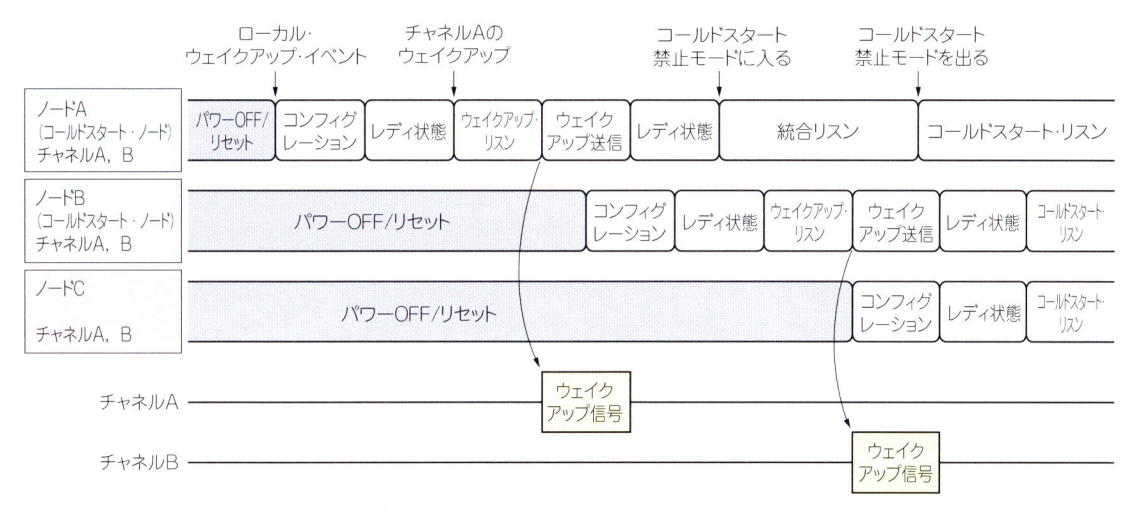

第8章　FlexRayプロトコルを実装する

図28　二つのチャネルのウェイクアップ方法
ノードA，Bはコールドスタート・ノードとする．ノードAがウェイクアップを完了しても，ノードBのウェイクアップが完了するまでスタートアップの開始を遅らせるようにしている．

図29
通信コントローラの電力モード
パワーOFFまたはリセットした後に発生したローカルなイベントの発生によって，あるノードがウェイクアップ・プロセス（POC）に移行するようすを示す．

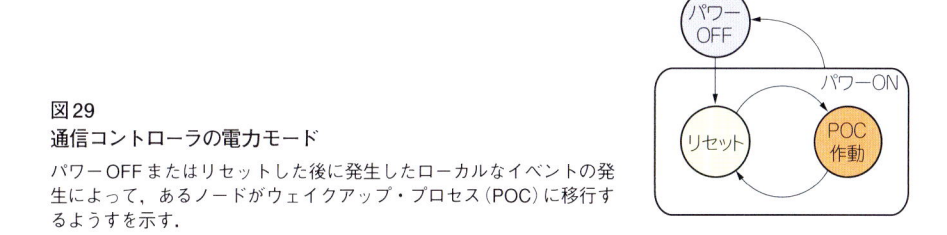

える外部スイッチからの信号，ホストからの信号など）の発生により，ウェイクアップのためのプロセス（POC）に移行します（図29）．このとき，通信コントローラの内部状態は，コンフィグレーション，レディと遷移して，最終的にチャネルAをウェイクアップするための状態に入ります．コンフィグレーション状態では，ホストはノードがウェイクアップ信号を送信するためのチャネルをパラメータpWakeup Channelによって設定します．その後，レディ状態になると，pWakeupChannelで設定したチャネル上にウェイクアップ信号を送信するように，ホストが通信コントローラにコマンドを出します．

　通信コントローラがレディ状態に入った後，ウェイクアップ信号を送信する前にウェイクアップ・リスン（状況監視状態）に入ります．この状態で，もしほかのノードによるスタートアップが進行していれば，このノードはウェイクアップ信号を送信しません．逆に，ほかのノードによるウェイクアップがなければ，ウェイクアップ信号の送信を開始します．こうしてチャネルAのウェイクアップが完了し，コールドスタート・プロセス（詳細は後述）に移行します．

　ノードAの通信コントローラから送信されたウェイクアップ信号は，その後，クラスタに接続されてい

るすべてのノード（ノードAを含む）のバス・ドライバ（チャネルA側）によって受信されます．バス・ドライバがウェイクアップ信号を受信したかどうかをチェックするのはホストのしごとです．ウェイクアップ状態の間，ホストはバス・ドライバやバス・ガーディアン（エラー処理専用のハードウェア），通信コントローラの調整を行わなければなりません．つまり，ウェイクアップのプロセスを適切に行うにはホストの動作が重要になります．

　ホストは二つのチャネルについて，どちらのチャネルをウェイクアップするかを決めなければなりません．図28の例では，チャネルAに接続しているノードAのホストは，最初にバス・ドライバがウェイクアップ信号を受信していないこと[注15]を確認します．また，進行中のスタートアップや通信がないことを確認できたので，ノードAのウェイクアップを開始したのです．

4.2　スタートアップ

　ウェイクアップが完了すると，スタートアップに移行します．クラスタ通信をスタートアップするには，最低二つのノードが必要ですが，クラスタに接続されているすべてのノードが同じタイミングでウェイクアップを完了するわけではない，ということに注意が必要です．

　図28の例では，ノードAのウェイクアップが完了したとき，ノードBはまだウェイクアップを完了していません．そこで，ノードAは「コールドスタート禁止フラグ」を立て，ノードBのウェイクアップが完了するまでスタートアップの開始を遅らせるようにします．ノードBはチャネルAの場合と同じ手順でチャネルBのウェイクアップを行います．ウェイクアップが完了すると，ノードBがそれを知らせる信号（シンボル）を送信し，ノードAのコールドスタート禁止フラグがホストによってクリアされます．コールドスタート禁止フラグを立ててからクリアするまでの時間は，短すぎると衝突を起こし，長すぎると通信の効率が落ちるため，効果的に設定することが大事です[注16]．このフラグの設定は，システム設計者が行います．

　コールドスタート禁止フラグがクリアされると，スタートアップに移行し，そこでクラスタに参加している全ノードの同期と整合をとります．

● プロセス開始は限られたノードによって行われる

　スタートアップのプロセスを開始することを「コールドスタート」と言います．コールドスタートは「コールドスタート・ノード」と呼ばれる限られたノードによって行われます．

　コールドスタートは，クラスタに接続されたコールドスタート・ノードの一つからCAS（collision avoidance symbol）という信号が送信されることで始まります．次に，そのノードは4サイクルでフレー

注15：「バス・ドライバがウェイクアップ信号を受信している」ということは，ウェイクアップのプロセスが終わっているということで，スタートアップに移行する．
注16：そのためには，システム（クラスタ）がどのように運営されているかをシステム設計者がすべて把握しておく必要がある．

ムを送信します．その後，ほかのコールドスタート・ノードが加わります．それから残るすべてのノードが加わり，通常の通信が開始されます．

　コールドスタート・ノードは，キー・スロット[注17]がスタートアップ・フレームの送信に使用されているかどうかを示すフラグ（pKeySlotUsedForStartup）を備えています．このフラグの状態は，フレーム・ヘッダのスタートアップ・フレーム・インジケータに反映されます（図12を参照）．すなわち，pKeySlotUsedForStartup = 1（真）であれば，スタートアップ・インジケータも '1' にセットされ，そのフレームがスタートアップ・フレームであることを示します．

　一つのクラスタにおいて，いくつのノードをコールドスタート・ノードに割り当てるか決めなければなりません．クラスタ内のいくつのノードをコールドスタート・ノードとするかはパラメータ gColdStart Attempts（設定値＝2〜31）で設定します．例えば，図28ではノードAとノードBの二つをコールドスタート・ノードとしましたが，このときはgColdStartAttempts = 2と設定します．

　クラスタを積極的にスタートさせるコールドスタート・ノードを「リーディング・コールドスタート・ノード」と呼びます．また，ほかのコールドスタート・ノードに統合されるノードを「フォローイング・コールドスタート・ノード」と呼びます．

● 複数ノードが通信を開始するまでのプロセス

　スタートアップにおける各ノードの動きを，図30を用いて説明します．この例では，クラスタはA，B，Cの三つのノードで構成されています．例として，ここではパラメータgColdStartAttempts = 2と設定し，コールドスタート・ノードとして二つのノードを割り当てます．二つのノードのうちの一方は，リーディング・コールドスタート・ノードとしてノードAを割り当てます．ノードBはフォローイング・コールドスタート・ノードとして割り当てます．また，ノードCはコールドスタート・ノードではありません．

　ノードAはスタートアップに入るとき，接続されているチャネルをリスンして，FlexRayフレーム（ヘッダやシンボル）を受信しようとします．

　FlexRayフレームが受信されなければ，ノードAはコールドスタートを開始します．はじめにCASシンボルを送信し，引き続き最初のコミュニケーション・サイクルに入ります．このサイクルの番号を '0' とし，ここからノードAはスタートアップ・フレームの送信を開始します．

　コールドスタート・ノードとして割り当てられているすべてのノードがコールドスタートを開始できるので，複数のノードが同時にCASを送信してコールドスタート・プロセスに入る可能性があります．こういった状況が発生した場合，最初にコールドスタートの試みを開始したノードがCASの後に続く4サイクルのフレーム送信の間にCASシンボルやフレーム・ヘッダを受信すると同時に，このノードは再度リスン状態に入り，衝突は回避されます．

注17：スタートアップ・フレーム・インジケータが '1' になっているフレームを送信するスロットのこと．

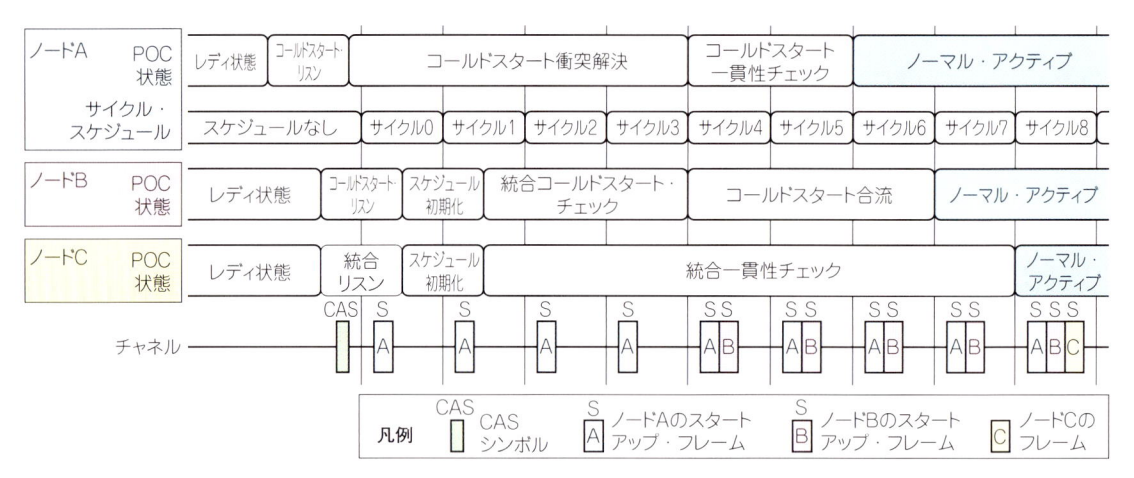

図30　スタートアップにおける状態の遷移例

FlexRayフレームが受信されなければ，ノードAはコールドスタートを開始する．はじめにCASシンボルを送信し，引き続き最初のコミュニケーション・サイクルに入る．

　4サイクル目でそのほかのコールドスタート・ノード（図30の場合はノードB）がスタートアップ・フレームの送信を開始します．ノードAは4サイクル目と5サイクル目からすべてのスタートアップ・フレームを集め，クロックの補正を行います．このクロック補正に何もエラーがなければ，ノードAは通常動作（ノーマル・アクティブ）状態に入ります．

　ノードBがスタートアップに入るときもノードAの場合と同じく，接続されたチャネルをリスンしてFlexRayフレームを受信しようとします．それが受信されたとき，送信しているコールドスタート・ノード（ノードA）に統合（integration）しようとします．ここでいう統合とは，同期やスケジュールの初期化など，タイム・トリガ方式のネットワークによって通信するために必要な事がらを確認し，通信を行える状態になることを言います．ノードBはノードAからの有効なスタートアップ・フレームを受信し，スケジュールとクロック補正を導き出そうとします．

　これらの受信がうまくいったとき，ノードBは同期フレームを集め，続く二つのサイクルでクロック補正を行います．クロック補正から何もエラーが出ず，かつノードBがノードAからフレームを受信し続ける場合，ノードBはスタートアップ・フレームの送信を開始します．

　これに続く三つのサイクルでクロック補正にエラーがなく，かつ少なくとも一つの別のコールドスタート・ノードが認識された場合，このノードBはスタートアップを抜け出し，ノーマル・アクティブに入ります．つまり，ノードBはノードAよりも少なくとも1サイクル後でスタートアップを抜け出すことになります．

　ノードCもノードAやノードBと同じようにスタートアップに入ります．接続チャネルにFlexRayフレームが受信されると，そのフレームを送信しているコールドスタート・ノードに統合しようとします．ノ

ードCはコールドスタート・ノードからの有効なスタートアップ・フレームのペアを受信し，スケジュールとクロック補正を導き出そうとします．

　それに続く2サイクルでは，ノードCのスケジュールに合うスタートアップ・フレームを送信する最低二つのコールドスタート・ノードを見つけようとします．もしこれに失敗したり，クロック補正にエラーが出た場合は，統合を中断し，はじめから再度試みます．

　少なくとも二つのコールドスタート・ノードから有効なスタートアップ・フレームのペアを連続した2サイクルで受信した後，ノードCはスタートアップを抜け出し，オペレーションに入ります．

　これにより，ノードCはコールドスタートを開始したノードの少なくとも2サイクル後にスタートアップを抜け出すことになります．つまり，クラスタに接続されたすべてのノードは7サイクル目の終わり，8サイクル目に入る直前にスタートアップを抜け出せることを意味しています．これによって，FlexRayの通信が開始されます．

❺ クロック同期

　最後に，クロック同期について説明します．

　分散制御方式のネットワークでは，ノードごとにクロックを備えています．それぞれのクロックの同期をとりながらシステムとしての機能を果たします．FlexRayのプロトコルもこの制御方式を採っており，あるノードから送られてくる同期フレームのタイミングを観察して，各ノードが個々にクラスタと同期をとります．

　また，FlexRayのメディア・アクセスはタイム・トリガ方式なので，ノードどうしのデータのやりとりは時間で管理されています．ただし，クラスタ全体で絶対的な時間が定められているわけではありません．クロック同期を用いて，各ノードがクラスタに対して時間を合わせているのです．

　このように，クロック同期はFlexRayネットワーク・システムを構築するうえでとても重要です．クロック同期は電源ON後にノードがスタートアップする際に行われますが，その後で温度変動や電圧変動，クロック発生器の製造上のばらつき，経年変化などによって徐々にタイミングがそろわなくなってしまうことも考えられます．そのため，クロックの再同期のメカニズムが必要となります．

5.1 ノード内部の時間とクラスタの時間

　図31に示すように，FlexRayの各ノード内部の時間的な構成要素はサイクル，マクロティック，マイクロティックです．

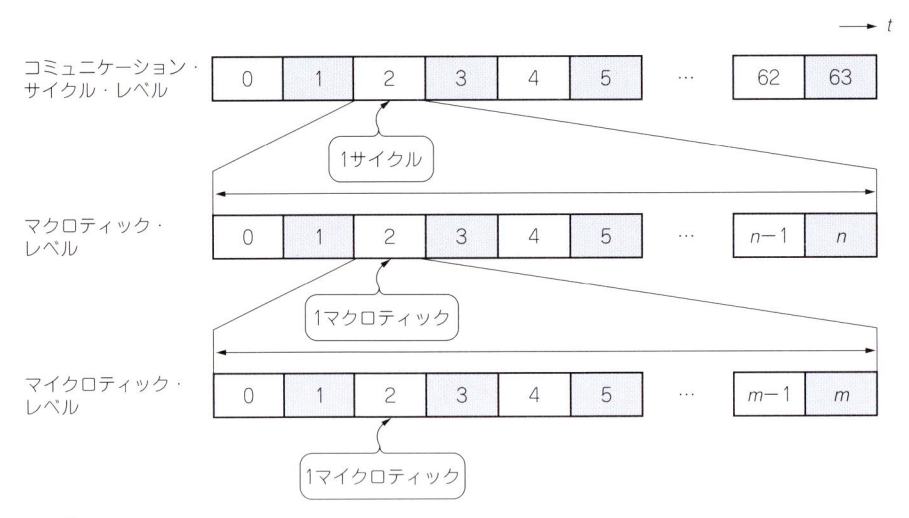

図31　タイミング階層
FlexRayの各ノード内部の時間的な構成要素は，サイクル，マクロティック，マイクロティックである．

● サイクル，マクロティック，マイクロティックの関係

　マイクロティックは，FlexRayの通信コントローラのクロックによって決まる単位です．そのため，マイクロティックの長さは，ノードごとに異なるケースもあります．ノード内部の（ローカルな）時間の最小単位です．

　マクロティックによって，各ノードの同期をとります．マクロティックの長さ（時間）は，クラスタ全体にわたって同じでなければなりません．マクロティックは整数個のマイクロティックで構成されていますが，1マクロティック当たりのマイクロティックの数は同じノード内でも異なる場合があります．

　サイクルは，整数個のマクロティックから構成されます．1サイクル当たりのマクロティックの数は，一つのクラスタ内のすべてのノードで同一です．また，ある時点におけるサイクル番号は，すべてのノードで同一となります．

● 各ノードは時間についての共通な認識を持つ

　先に，FlexRayプロトコルでは，クラスタとしての絶対的な（あるいは基準となる）時間は定義されないと述べました．FlexRayでは，クラスタとしての時間を「グローバル時間」，各ノードにおける時間を「ローカル時間」と呼びます．ここで，グローバル時間とは「クラスタ内の時間に関する共通認識」であり，コールドスタート・ノードによって与えられます．

　各ノードは独立したローカル時間，すなわちノードごとのクロックに依存する時間を持っています．本章の「4．ウェイクアップとスタートアップ」の項でもお話ししたように，スタートアップの際に各ノード

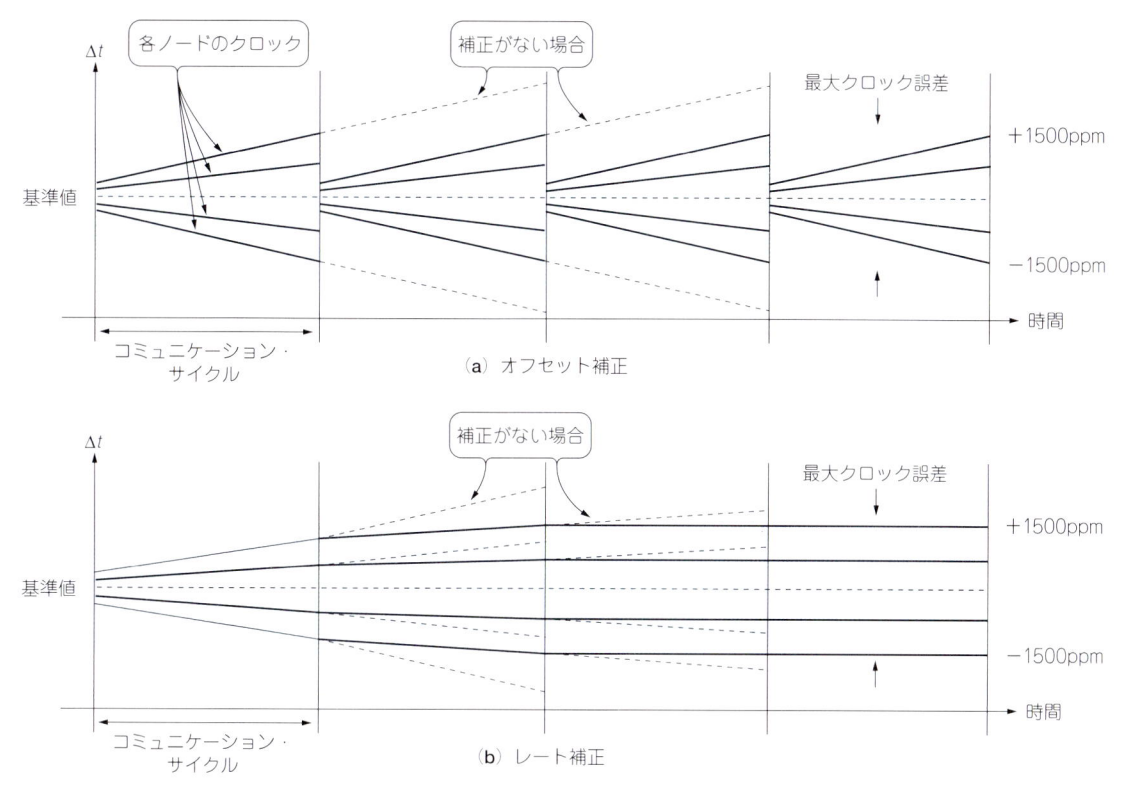

図32 クロック同期の方法
各ノードのローカル時間の同期には，オフセット（位相）補正やレート（周波数）補正を用いる方法がある．サイクルを重ねるごとに基準値（グローバル時間）からのずれは大きくなるが，補正をかけることでずれを最大誤差内に収めることができる．

がコールドスタート・ノードと統合することで，必要な情報を受信してクロック同期（ローカル時間とグローバル時間の差を認識し，補正すること）を行います．

5.2 補正方法と測定方法

　クロック同期は，おもに二つのプロセスからなっています．これらのプロセスは並行動作します．

1） マクロティック生成プロセス（MTG：Macrotick Generation）──サイクルとマクロティックのカウンタを制御して，レート補正やオフセット補正に適用する

2） クロック同期プロセス（CSP：Clock Synchronization Process）──サイクル開始の際の初期化，偏差の測定と保存，オフセット補正値，レート補正値の計算を行う

　これらのプロセスの初期化や開始は，CHIを介してホストから行われます．

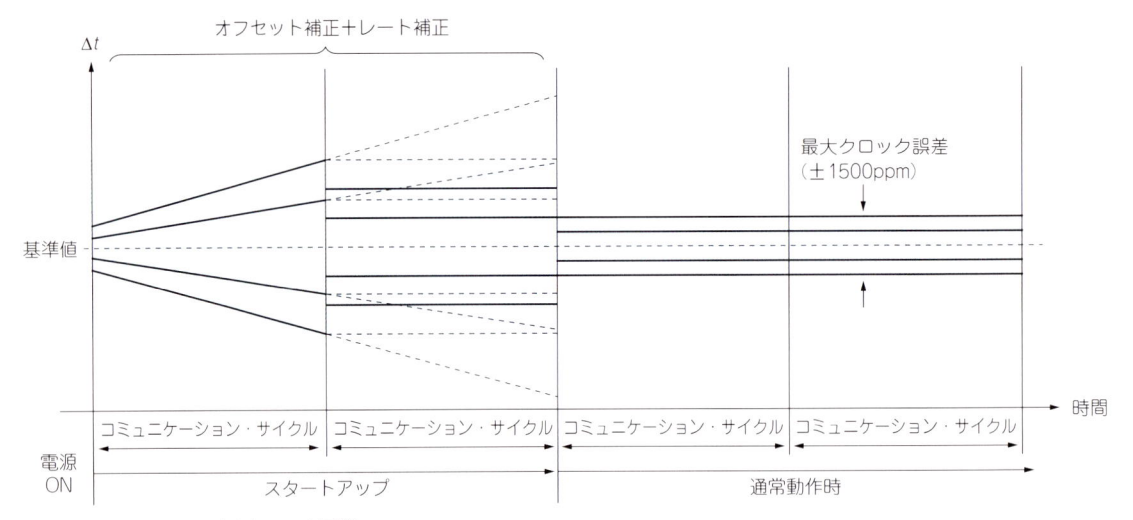

図33　FlexRayにおけるクロック同期

FlexRayでは，オフセット補正とレート補正の両方を用いてクロック同期を行っている．スタートアップで同期をとるまではクロック誤差も大きいが，同期をとった後は（すなわち通常動作時に入ると），最大誤差の±1500ppm内に収められる．

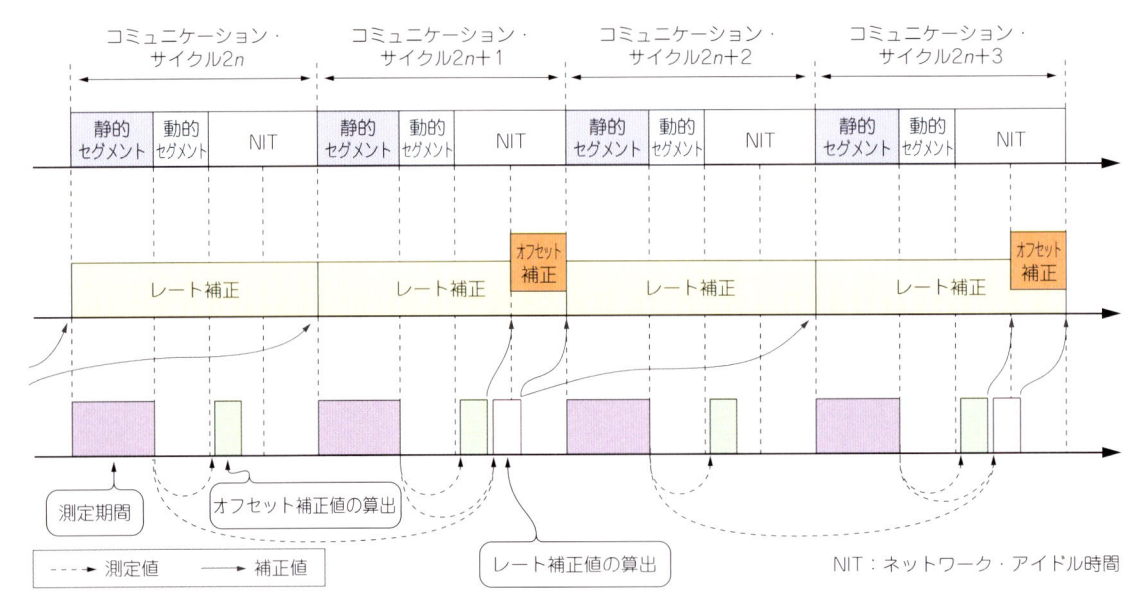

図34　クロック同期の補正

オフセット補正値の算出はコミュニケーション・サイクルごとに行われているが，実際に補正がかかるのは奇数サイクルのネットワーク・アイドル時間内のみ．一方，レート補正は，2サイクル（奇数，偶数サイクル）に1回，補正値が算出され，次に来るサイクルの静的セグメントで補正をかける．なお，この図ではオプションであるシンボル・ウィンドウは示していない．

第8章 FlexRayプロトコルを実装する

● FlexRayでは周波数と位相の両方で補正を行う

　クロック同期の大きな役割は，クラスタのクロック精度[注18]を誤差内（1500ppm；100万分の1500）に収めることです．各ノードのローカル時間の同期方法としては，オフセット（位相）補正を用いるものやレート（周波数）補正を用いるものが知られています．図32(a)にオフセット補正の，図32(b)にレート補正の動きを示します．FlexRayではこの二つを組み合わせた方法を採用しています（図33）．スタートアップ時に図のようなクロック補正を行うことで，温度変動や電圧変動，経年変化によるタイミングのずれを最大クロック誤差内に収まるように制御しています．

　図34に，FlexRayで定義されているクロック同期の補正を示します．これらの補正は，すべてのノードにおいて行われます．図からわかるように，オフセット補正値の算出はコミュニケーション・サイクルごとに行われていますが，実際に補正がかかるのは奇数サイクルのネットワーク・アイドル時間内のみです．このオフセット補正は，次のコミュニケーション・サイクルが開始される前に終了しておかなくてはなりません．なお，オフセット補正はマイクロティック単位で行われます．オフセット補正値に応じてネットワーク・アイドル時間が増減します．

　一方，レート補正は，2サイクル（奇数，偶数サイクル）に1回，補正値が算出され，マイクロティック単位で補正されます．この補正はネットワーク・アイドル時間では行われず，次のサイクルの静的セグメントで実行されます．

● アクション・ポイントと補助的な時間基準点の差をとって補正をかける

　補正のための時間の測定は，次の手順で行います．

　まず，各ノードがチャネルごとに静的セグメント内で受信したすべての同期フレームについて，予期した到着時間と実測した到着時間の差をマイクロティック単位で測定して，その値を保存します．フレームの予期した到着時間は「アクション・ポイント（または静的スロット・アクション・ポイント）」と呼ばれます（詳細は，本章の「3．受信ノードにおけるデコーディング」を参照）．このアクション・ポイントに到達したとき，通信コントローラではMAC（media access control）処理が行われます．MAC処理で生成された信号をもとに，クロック同期プロセス内でタイム・スタンプがとられ，それを保存します．フレーム受信中に補助的な時間基準点（図25を参照）が検出されると，デコーダ（通信コントローラ内のプロトコル・エンジン）がその時点でのタイム・スタンプをとります．

　続いて，このデコーダは補助的な時間基準点のタイム・スタンプをもとにオフセット値を設定し，それをアクション・ポイントにおけるタイム・スタンプから差し引くことで本来の時間基準点を求めます．この時間測定は静的セグメントの終了とともに終了します．

　また，一つのコミュニケーション・サイクル中，1チャネル当たりで受信可能な最大同期ノード数より

注18：クラスタのクロック精度とは，クラスタ内の同期している二つのノードのローカル時間の差異のこと．

多くの同期フレームを受信した場合は，そのクラスタでエラーが発生したことを意味します．すると，まずエラーの発生をホストに報告します．そして，最初に設定しておいた同期ノード数分の同期フレームだけを補正値の計算に用いるようにします．

なお，補正値の計算は通信コントローラによって次のような手順で行われます．

まず，測定したデータ数に応じたパラメータkを決めておきます．このkは，測定値の最大値および最小値から削除するデータの個数です．例えば，

測定値の数 = 1～2のときは $k = 0$

測定値の数 = 3～7のときは $k = 1$

測定値の数 > 7のときは $k = 2$

と決めたとしましょう．このときの測定値がかりに |−5, −3, 6, 8, 9, 11, 13, 15| であったとすると，測定データの個数が7以上ですから，最大値から2個（この場合は15と13），最小値から2個（この場合は−5と−3）を削除します．そして，残ったデータの最大値と最小値の平均をとります．この例では $(11 + 7) \div 2 \rightarrow 8$ となります（この方法では小数点以下は切り捨てる）．この値は，グローバル時間に対するノードのローカル時間のずれ（偏差）の平均値を表しています．

レート補正の場合はこの計算結果をvRateCorrection，オフセット補正の場合はvOffsetCorrectionとします．これらの値が仕様で決められている範囲[注19]を超えている場合は補正をかけます．逆に，範囲内であれば補正は行いません．

参考・引用*文献

(1)* FlexRay Consortium；FlexRay Communication System Protocol Specification Version 2.1，May 2005．
(2)* FlexRayコンソーシアムのホームページ，http://www.flexray-group.org/．

注19：FlexRay ver2.1では，レート補正の許容範囲（pRateCorrectionOut）は 2～1923 μT（マイクロティック），オフセット補正の許容範囲（pOffsetCorrectionOut）は 5～15266 μT と定められている．

INDEX

➡ 数字およびA〜Z

1XCAN	50
ABS	12
ACC	12
ACK	26, 34
BCA	138
Brake-by-wire	13
BSS	132
bubble idiot	41
Byteflight	99
CAN	17, 20, 31, 46, 85, 99
CAN 2.0A	36
CAN 2.0B	44
CAN-B	97
CAN-C	97
CLD	92
CRC	34, 105
CRCエラー	40
CSMA/CD	24, 32
D2B	98
DLC	36
EBD	12
EC	65
ECU	12, 15, 20, 45
EHB	12
EMB	12
EOF	26, 34
ESD	68
ESP	12
FES	132
FlexRay	17, 99, 102, 113
FTCAN	50
FTDMA	105
HCU	12
HVAC	62
ID	26, 36
IDフィルタ	32, 54, 56
ISO	29, 32
ISO 11898	46
ISO 9141	63
J1850	98
J2284	33
J2602	81
LDF	92
LIN	17, 62, 70, 81, 85
LIN記述ファイル	92
LIN構成記述言語	92
MOST	98
NIT	105
OSEK	49
OSI参照モデル	29, 49, 118
REC	40
RTR	36
SAE	31, 81, 98
SOF	26, 34
SPI	20
STDMA	105
Steer-by-wire	13, 14
Suspension-by-wire	13
TCN	99
TCS	12
TDM	25
TEC	40
TSS	131, 139
TTCAN	99
TTP/C	99
UART	20
X-by-wire	13, 60

INDEX

➡ あ行

アービトレーション 28, 33, 34, 38
アービトレーション・グリッド・レベル
　.. 105, 120
アイドル状態 33
アクション・ポイント・オフセット 131
アクティブ・セーフティ 60
アクノリッジ・エラー 40
イベント・トリガ・フレーム 76
イベント・ドリブン 33, 51
インターバル・スペース 75
インターフェース 102
ウェイクアップ 88, 142
エラー・アクティブ 40
エラー・パッシブ 40
エラー・フレーム 34, 37
エレクトロ・クロミック 65
オーバロード・フレーム 34, 37
オフセット補正 151
オルタネータ 11

➡ か行

拡張識別子 44
拡張チェックサム 83
拡張フレーム 44
基本識別子 44
クラスA 47
クラスB 47
クラスC 47
クラスD 47
クランク角センサ 20
クロック同期 109, 149
コールドスタート・ノード 144, 146
コミュニケーション・サイクル 105, 119
コントローラ・ホスト・インターフェース 102

➡ さ行

サブネット 85
識別子 26, 36, 71
シグナル・インターラクション層 86
事象駆動 33, 51
車載LAN 19
車載用半導体 14
集中制御方式 15, 45
シングルチャネル 103
診断フレーム 85
診断メッセージ 83
シンボル・ウィンドウ 105
スケジュール・テーブル 71, 94
スター・カプラ 117, 140
スタートアップ 127, 142, 146
スタッフ・エラー 40
スポラティック・フレーム 83
スリープ 89
スレーブ・タスク 70
静的スロット 106
静的セグメント 105, 107, 120
セーフティ系 12

➡ た行

タイム・クァンタム 41, 42
タイム・トリガ 78
チェックサム 71, 74
通信コントローラ 108
データ 71, 74
データ・フレーム 34
データリンク層 49, 102
デュアルチャネル 103
テレマティクス 14
同期バイト 71, 73
動的セグメント 105, 107, 121
トポロジ 33, 70, 102, 116
ドミナント 34, 72
トレーラ・セグメント 124, 130

157

➡ な行

ネットワーク	15, 19
ネットワーク・アイドル時間	105
ノード	21, 23, 90
ノーマル・アクティブ	109
ノーマル・パッシブ	109
ノック・センサ	20

➡ は行

バス・オフ	40
バス・ガーディアン	104
パッシブ・セーフティ	60
バブル・イディオット	53, 104
パワー・ステアリング	13
パワートレイン	11
ビット・エラー	40
ビット・スタッフ	43
ビット同期	138
標準フレーム	44
フォーム・エラー	40
防眩インナ・ミラー	65
物理層	49, 102
プラグ・アンド・プレイ	93
プリクラッシュ・セーフティ・システム	60
ブレーク	71, 72
フレーム	34, 71, 105, 124
ブロードキャスト	21
プロトコル	19, 21, 24, 70
プロトコル・エンジン	102
分散制御方式	15, 45
ペイロード・セグメント	124, 128
ヘッダ・セグメント	124, 126
ヘッダ	71
ホール・センサ	68
保護識別子	73
ホスト	102, 109
ボディ系	12, 65

➡ ま行

マイクロコントローラ	11, 20
マイクロティック・レベル	105, 122
マクロティック・レベル	105, 122
マスタ・スレーブ方式	22
マスタ・タスク	70
マルチキャスト	24, 26
マルチマスタ	24, 25, 33
ミニスロット	106
無条件フレーム	76
メッセージ・フィルタ	26
メディア・アクセス	105, 119

➡ や行

ユーザ定義フレーム	77
優先順位	23
予約フレーム	77

➡ ら行

リアルタイム性	27, 32, 117
リセッシブ	34, 72
リモート・フレーム	34, 36
レート補正	151
レスポンス	71
レスポンス・スペース	75
ロバスト性	31

➡ わ行

ワイヤ・ハーネス	15, 20, 46
割り込み	57

■筆者プロフィール
佐藤 道夫（さとう・みちお）
1982年にモトローラに入社し，半導体事業部に所属．品質保証や営業を経験し，1992年からコントロール＆ネットワークのアプリケーション・エンジニアとして，ロンワークスの普及に従事する．現在はフリースケール セミコンダクタージャパン 技術本部 車載応用技術部において，おもに車載向けのネットワークの技術担当マネージャーをしている．

● 本書記載の社名，製品名について ── 本書に記載されている社名および製品名は，一般に開発メーカーの登録商標または商標です．なお，本文中では™，®，© の各表示を明記していません．
● 本書掲載記事の利用についてのご注意 ── 本書掲載記事は著作権法により保護され，また産業財産権が確立されている場合があります．したがって，記事として掲載された技術情報をもとに製品化をするには，著作権者および産業財産権者の許可が必要です．また，掲載された技術情報を利用することにより発生した損害などに関して，CQ出版社および著作権者ならびに産業財産権者は責任を負いかねますのでご了承ください．
● 本書に関するご質問について ── 文章，数式などの記述上の不明点についてのご質問は，必ず往復はがきか返信用封筒を同封した封書でお願いいたします．ご質問は著者に回送し直接回答していただきますので，多少時間がかかります．また，本書の記載範囲を越えるご質問には応じられませんので，ご了承ください．
● 本書の複製等について ── 本書のコピー，スキャン，デジタル化等の無断複製は著作権法上での例外を除き禁じられています．本書を代行業者等の第三者に依頼してスキャンやデジタル化することは，たとえ個人や家庭内の利用でも認められておりません．

JCOPY 〈出版者著作権管理機構委託出版物〉
本書の全部または一部を無断で複写複製（コピー）することは，著作権法上での例外を除き，禁じられています．本書からの複製を希望される場合は，出版者著作権管理機構（TEL：03-5244-5088）にご連絡ください．

車載ネットワーク・システム徹底解説

2005年12月 1日 初版発行　　　　　　　　　　　　　　　　　　© 佐藤道夫　2005
2022年 6月 1日 第13版発行　　　　　　　　　　　　　　　　（無断転載を禁じます）

　　　　　　　　　　　　　　　　　　　　　　　著　者　　佐　藤　道　夫
　　　　　　　　　　　　　　　　　　　　　　　発行人　　小　澤　拓　治
ISBN978-4-7898-3721-7　　　　　　　　　　　　発行所　　ＣＱ出版株式会社
定価はカバーに表示してあります．　　　　　　　　　　〒112-8619　東京都文京区千石 4-29-14
乱丁・落丁本はご面倒でも小社宛てにお送りください．　　　　　電話　編集 03-5395-2122
送料小社負担にてお取り替えいたします．　　　　　　　　　　　　　　販売 03-5395-2141

　　　　　　　　　　　　　　　　　　　　　　　　　　　DTP　クニメディア株式会社
　　　　　　　　　　　　　　　　　　　　　　　　　　　印刷・製本　三共グラフィック株式会社
　　　　　　　　　　　　　　　　　　　　　　　　　　　　　　　　　Printed in Japan